健康花草：
识别 选购 栽培

初舍生活家 主编

海峡出版发行集团
THE STRAITS PUBLISHING & DISTRIBUTING GROUP.
福建科学技术出版社
FUJIAN SCIENCE & TECHNOLOGY PUBLISHING HOUSE

图书在版编目 (CIP) 数据

健康花草：识别 选购 栽培 / 初舍生活家主编 .
—福州：福建科学技术出版社，2018.5
ISBN 978-7-5335-5258-9

Ⅰ.①健… Ⅱ.①初… Ⅲ.①花卉 – 识别②花卉 –
选购③花卉 – 观赏园艺 Ⅳ.① S68

中国版本图书馆 CIP 数据核字 (2017) 第 041074 号

书　　名	健康花草：识别 选购 栽培
主　　编	初舍生活家
出版发行	海峡出版发行集团
	福建科学技术出版社
社　　址	福州市东水路76号（邮编350001）
网　　址	www.fjstp.com
经　　销	福建新华发行（集团）有限责任公司
印　　刷	福州德安彩色印刷有限公司
开　　本	700毫米×1000毫米　1 / 16
印　　张	12.25
图　　文	196码
版　　次	2018年5月第1版
印　　次	2018年5月第1次印刷
书　　号	ISBN 978-7-5335-5258-9
定　　价	38.00元

书中如有印装质量问题，可直接向本社调换

目 录

第三章 花卉管理进阶

第四章 让花卉远离病虫害

第五章

阳台花卉，演绎沙漠绿洲

第六章

室内花卉，打造居家氧吧

第七章　庭院花卉，营造私密花园

第一章

熟悉花草
基本习性

当今社会，人们拘囿于钢筋水泥的城市森林，在整日的繁忙辛苦之中，"亲近大自然"成为了最迫切的向往。于是，家养花卉也成为一种时尚，在家里动动手、拨拨土，就能采掬大自然的美丽风情，健康又有趣。

有些对花儿一知半解的人，总认为花卉如同养在深闺的女子——娇贵且不可近玩，栽培起来极其困难，除了烦恼，根本无趣味性可言……其实，养花的第一步在于了解花草的习性。只要掌握了莳养花卉的各路"花招"，就能轻松做个快乐的养花人！

初步认识健康花卉

草本花卉 >>>

花有万种，姿态各异，一般分为草本、木本和多肉三类。所谓草本花卉，就是指茎和枝都比较柔软，木质部不发达的一组花卉（木质部是指负责将根部吸收的水分往上运输的组织）。草本花卉对土壤要求很高，既要求土质疏松肥沃，又要求其保水性和透气性好，种养时稍有"怠慢"，就可能引起根部腐烂。

草本花卉以观花为主，花儿颇有小家碧玉的风范，娇羞且楚楚动人。

因其独特的生长环境、生育期长短不同，又可分为一年生草本、二年生草本和多年生草本植物。

◎一年生草本植物：主要是指当年播种，当年开花，当年死亡的一年生植物。播种时间一般选在春季无霜冻的日子，经过夏秋季节的日晒开花结果后死亡。这类型的植物有一串红、半枝莲、百日草、千日红、鸡冠花、万寿菊、矮牵牛等。

◎二年生草本植物：顾名思义，就是跨越两个年份，即第一年播种、第二年死亡的植物。一般二年生草本植物具备一定的耐寒力，播种时间宜选在天气凉爽的秋天，到第二年春天开花结果至死亡。这类植物有金鱼草、金盏菊、三色堇、石竹、凤仙花、报春花、虞美人等。

◎多年生草本植物：即能够存活两年以上的草本植物。这种植物的茎叶有

两种情况，一种是以观花为主的"宿根花卉"——地上茎叶终年保持常绿，地下根部正常，且能存活达数十年的植物，如四季海棠、非洲菊、桔梗、萱草、兰花、菊花、芍药、万年青、火鹤花、吊兰等。另一种是"球根花卉"——每年冬季地上茎叶枯死，地下根部膨胀成洋葱状后休眠，到了春季再从地下萌生新芽，长成植株的植物，如美人蕉、大丽花、水仙、百合、郁金香、风信子、唐菖蒲、小苍兰、大岩桐、花毛茛、仙客来、朱顶红、马蹄莲等。

木本花卉 ≫

与草本花卉相反，木本花卉是指木质部发达，枝干坚硬，生命力顽强的那一类花卉，木本花卉一般能存活数年。如果说草本花卉是"小家碧玉"，那么木本花卉就相当于"大家闺秀"。木本花卉不仅内在气质沉稳，易于栽种，外形上更是落落大方，以观花、观果为主。

木本花卉有终年常绿型和秋季落叶型两种，因其外在形态不同，又可分为乔木、灌木、藤本三种。

◎乔木：主干和侧枝区别较大，呈树状生长，主干高大，高度从数米至数十米不等，只有少数如桂花、白兰、柑橘等可做盆栽，多数不适合盆栽，如木棉、槐树等。

◎灌木：主干和侧枝区别不大，呈丛生状生长，无明显主干，株形低矮，高度从十几厘米到数米不等，多数适合做盆栽，如茉莉、黄蝉、扶桑、木槿、腊梅、瑞香、龙船花、月季、紫荆等。

◎藤本：枝条细长软弱，不能直立，在栽培过程中常需设置一定支架供其攀援或缠绕生长的植物，如常春藤、金银花、紫藤、爬山虎、炮仗花、使君子、凌霄花等。

多肉类花卉 >>>

多肉类花卉是指根茎叶都肉质丰厚、含水量较多的植物。这类植物极易栽培，是懒人的最爱，它们吸水和储水能力很强，哪怕花卉主人出差十天半个月，也完全不用担心它会因无人照顾而"憔悴"。

多肉类花卉的外形变化无穷，圆的、扁的、高个的、矮个的、硬邦邦的、软绵绵的，甚至有直立如棍棒、层叠如山

峦型的，古怪至极。多肉类花卉以仙人掌最为典型，其次还有昙花、令箭荷花、蟹爪兰、玉树、石莲花、燕子掌、芦荟、十二卷、龙舌兰、酒瓶兰、沙漠玫瑰、长寿花等。

2. 养花要三思而后行

养花三问 >>>

很多人看到别人家"桃花朵朵开"，总忍不住心里痒痒，于是冲动之下也搬回一堆花花草草。可你也许不知道，种植花草植物同样也有无数的讲究，如果不了解种植的规律，购买回原本神气十足的植物，没过几天就可能开始蔫了，甚至枯萎病死。所以，做一个科学的养花人，绝不能只凭一时冲动、心血来潮，而应该三思而后行。在购买花草植物之前，首先问自己几个问题。

你想要多长的观赏期

花草植物的观赏期是不一样的，有些比较长，而有些则非常短。一般来说，以观叶为主的植物，观赏期是比较长的，比如铁树、一叶兰、龟背竹、文竹、吊兰、八角金盘、南天竹、棕竹、旱伞草、虎耳草、发财树、金钱树、袖珍椰子、孔雀竹芋、万年青、富贵竹等，以及蔓性观叶植物如常春藤、绿萝等，观赏期也都比较长，许多喜欢在室内以花草为装饰的人，都会选择这类植物。

而以观花为主的植物，观赏期（花期）则比较短，大多数只能季节性观赏。观花植物的种类也非常繁多，季节性观赏的观花植物主要是一二年生草本花卉，包括金鱼草、雏菊、金盏菊、五色椒、千日红、长春花、鸡冠花、凤仙花、紫茉莉、报春花、虞美人、牵牛花、矮牵牛、半支莲、羽叶茑萝、一串红、万寿菊、三色堇等；也有一些是多年生花卉，包括金鸡菊、大丽菊、水仙、百合、朱顶红、马蹄莲、风信子、郁金香、美女樱、美人蕉、萱草、玉簪、鸢尾、葱兰、荷花、睡莲、芍药、小苍兰、仙客来、大岩桐、兰花等。虽然观花植物的花期都不长，但许多人对花朵情有独钟，而且有些植物除了花朵之外，它们的果实、叶子、藤蔓也可能具有一定的观赏价值。尤其是多年生花草植物，在非开花季节里，还可以观赏绿叶或果子，而且某些为常绿品种，可以全年观赏。

你能花费多少时间和精力

无论哪一种花草植物，都必须经过认真长期的栽培养护，才能健康生长。如果养花者不对其加以精心呵护，三天打鱼两天晒网，植物不仅无法维持健康茂盛的长势，而且可能很快生病甚至枯死。尤其对于刚开始学习养花的人来说，由于经验不足，更需要花费一定的时间和精力来照顾自己的花草。

经验不足的人养花，一般最好选择适应性比较强的观叶或观花植物，比如铁树、一叶兰、吊兰、八角金盘、南天竹、旱伞草、虎耳草、水竹草、吉祥草、爬山虎、千日红、凤仙花、紫茉莉、牵牛花、半支莲、羽叶茑萝、一串红、万寿菊、大丽菊、石竹、美人蕉、萱草、鸢尾、麦冬、葱兰、万年青等，以及多肉类的仙人掌植物。但即使是这些植物，也不可能在完全脱离人类照顾的情况下存活，仍然需要根据科学规律来进行精心栽培。所以，要想挑选家养绿植，首先要想想自己是否有足够的时间和精力来应付。

你能为植物花费多少预算

家养花草植物都以盆栽型为主，但也有适合水培的植物。不同种类的植物，价格千差万别。还要注意的是，那些价格比较昂贵的植物，种植起来往往比较困难，比如有些生长很缓慢，而有些甚至难以繁殖，种植者一不小心就可能将其"种死"。所以并不内行的养花者，不妨先选择价格比较适中的植物来种植。

即使是同一种花草，价格也不尽相同。一般来说，同类植物中规格越大，则价格也会越高。所以在一开始的时候，不妨选择规格比较小的植株，买回家之后，慢慢学习栽培技术，积累经验，而不要盲目求大、求贵。

养花三戒 >>>

如今，家庭养花已经越来越普遍，但许多养花爱好者由于不得要领，把花养得蔫头蔫脑，毫无生气。问题出在哪儿呢？

一戒漫不经心

花草也有生命，也需要养花人的精心呵护，才能健康生长。就和养宠物一样，养花也需要付出认真仔细的劳动，而不能随随便便敷衍了事。很多人对待花卉缺乏应有的态度，在栽培时不够细心、大大咧咧，忽视种植规律，不讲究方法，更不喜欢钻研养花知识，对花草的管理不得法，自然无法真正养出美丽健康的花草。

有些人往往一时心血来潮，将植物购买回家之后，不到一天便冷落在一旁，浇水、除草、施肥等常规性的操作都不愿意施行，让植物得不到规律性的养护，长期"忍饥受渴"，甚至受到病虫害的折磨。还有些人有"洁癖"，对花草植物只喜欢远观，而一旦到了需要动手栽培的时候，往往不愿意触碰泥土。总之，懒人是无法真正养好花的，如果不肯动手呵护植物，只能看着它慢慢枯萎。

二戒动手过勤

懒于动手固然不好，但如果对待花草过于"殷勤"，对植物爱过了头，隔上一时半刻就要去"摆弄"一番，不讲究植物栽培的规律，植物也会无法承受这种无休止的"折腾"。比如有些人认为浇水、施肥是对花草的爱护，恨不得经常去"爱护"一番，想起来就浇一浇水，施肥也非常勤快，结果让花卉"饮

水"过多，或者过肥而死；还有些人看着美丽的花朵，心中十分喜爱，在居室里将花盆搬来搬去，一天里要搬动许多次，一会儿挪到室外，一会儿又移进室内，一会儿放在窗台上，一会儿又放在电视机旁，花卉不得不频频适应新的环境，正常的生长规律就这样被打乱了，变得十分"疲惫"，

自然也无法健康成长。所以，喜爱花草也要讲究规律，应该在它需要的时候去进行呵护，而不要不分时间地点，频频去打扰它。

三戒频繁更换

有些养花者比较心浮气躁，不愿意沉下心来精心养护植物，常喜欢跟风、凑热闹，频繁更换植物，家中植物像走马灯一样换个不停。频繁更换，导致每种植物种养的时间非常短，植物还没有适应环境就被送走，不利于健康生长，更难以培育出观赏性高的植物来。而且，养花者将植物换了一批又一批，没有时间去摸清植物的习性，这种浅尝辄止的习惯，也不利于养花水准的提高。所以，一定要选好自己中意的植物，进行重点培育，而不要朝三暮四、经常更换。

3. 四招选购居家最美花

为自己制定一个"购花流程图"，严格要求自己照章行事。

★购花流程第一站

坚决不做以貌取花的"花痴" >>>

走在大街上，美女通常都会被人多看两眼；进了花店，相貌出众的花儿自然也是备受青睐。"乱花渐欲迷人眼"，买花人以貌取花也算正常。可若是想做个聪明快乐的养花人，可不能只注重花卉是否花开满枝，或是否高大挺拔，否则选到那种"金玉其外，败絮其中"的劣质花，可就不划算了。

购买花卉第一步，得确定家里种植花卉的条件：是阳光充足，还是所有房间都背光，需开灯照明才行？或是有些房间光线好，而另一些房间暗淡无光？因为这直接决定了你需要的是向阳性花卉、向阴性花卉，还是中性花卉。

★购花流程第二站

找个"良辰吉日"选购种苗 »

和新鲜蔬菜一样，美丽的花儿一年四季都能在花店看到，只要你想买，很难有买不到的。这样一来，虽方便了买花人，却让花卉质量打了折扣，因为这种花卉大多是由温室培育而来，离开"舒适"的种植环境，花卉的存活率就会大大降低，家养栽培起来就会很费力。

所以，不妨在选购花草时，找个"良辰吉日"，养花就会事半功倍。如果是购买盆栽花卉种苗，最好将时间选在春天发芽前或秋天落叶后，这两个季节

气温适中，有些花卉还可能正处于休眠状态，若此时将其搬回家，不仅易存活，同时可减少花卉在运输途中因温度过高或过低而受到的伤害。而如果是选购花卉种子，则时间不限，只要懂得适当的保存方法，可随时购买。

★购花流程第三站

一敲三看，挑出健康好绿植 »

所谓"一敲三看"，是针对盆花而言的。一敲，是指在买花时，通过敲打花盆来确定花卉质量的好坏，换句话说，就是确定花卉是否"服盆"，而不是新上盆的。

方法很简单，即在花卉没浇水的情况下敲打花盆，如果是发出"滴"的清脆声，那表明绿植刚上盆，植物和泥土互不适应，尚没发展到"相亲相爱"的地步。这样盆花的存活率是个未知数，最好不要购买。如果敲击花盆时发出"咚"的沉闷声音，则表明植物上盆已有些日子了，绿植和泥土已相互适应，这种植物栽培起来存活率高。

三看，是指看花芽、花叶和营养土。如果花卉的顶芽被折断了，则表明此花卉将来会长势不好，不能发展成"美人胚子"。如果花卉叶片有明显耷拉现象，说明该花卉快要枯萎；如果叶片太过油亮，则可能是喷洒了亮光剂，这时不妨用干净抹布擦擦叶片表面，若有像蜡烛一样的东西出现，表明叶片被人工处理过。

如果芽和叶一切正常，则检查栽培花卉的营养土土质，若土质太过松散，则表明花卉营养不足，买回去极易枯萎；如果土质松紧结合，用手按还有微微的弹性，那就可以放心地将那盆花苗"娶"回家了。

如果选购的不是盆花，而是裸根花卉，就要挑根须多，上身枝繁叶茂的那种。如果只有主根，而没有侧根或须根少，买回家后成活率就非常低。

暖心小贴士

为避免温室花受伤，选好盆栽后，最好用纸包住那些向外伸展的叶片，以免强光或冷风伤害花苗。回家后，要让花卉"锻炼锻炼"，将其放在阴暗的避风地，给它一个适应的过程，待植株正常生长时再逐步向外移动。

如果是要选购花种，最好选杂交一代的种子。这样长出来的植株才会"根正苗红"，因为一代杂交种子具有明显杂种优势，成型后的花卉，一般比普通种子种出的花卉漂亮得多。挑选培育好的球根时，一定要挑选坚实、无霉烂的球体，已发芽或已出根的最好不选，因为它一旦适应了花店的培养环境，再转换环境就会增加死亡率。

★购花流程第四站

居家花卉，品种要会巧搭配 >>>

食物要搭配着吃，才能健康营养；养花也同样如此，要搭配着养才更有情趣。搭配好了花卉品种，不仅能为空间增色，还能为心情加温。若是整天对着一种花卉，可能会让养花人审美疲劳，日子久了，说不定还会让养花人连养花兴趣都慢慢减淡了。

室内花卉搭配要以符合空间风格为原则，主要包括以下两个问题。

花卉的数量

"雅室何须大，花香不在多。"家养花卉，由于受条件限制，多半以盆栽为主。一般家庭种花不要太多，以10~15盆为好，品种最好是观叶、观花、观果、闻香等都能兼顾，确保品种多样。

> **暖心小贴士**
> 若是家庭住宿面积超大或偏小，可参考以下方式计算家中应该摆放花卉的数量，即每10米^{2}左右的空间养一盆，而不是局限于10~15盆的定量。

花卉的品种

家养花卉的品种应随四季变化来更替。如春天应以开花植物为主，如茶花、杜鹃、梅花、洋水仙、迎春花等，再搭配些常绿观叶植物，家里立刻就会变得春意盎然了。

夏天同样以观花为主，但最好选色系偏冷的花卉，赏心悦目的同时，还能在炎炎夏日给人清凉的感觉，如米兰、茉莉、鸢尾、八仙花等。

秋天是丰收的季节，当然是以观果植物为主，如石榴、金橘、盆栽葡萄等，再配些叶片颜色丰富的观叶植物，如一品红、三角枫、红枫等。

冬天是冷峻的季节，应以观叶植物为主。四季常青、耐寒性较强的绿色植物是此时的首选，如苏铁、虎尾兰、散尾葵、橡皮树、巴西木、春羽、一叶兰、吊兰等。

4. 居家花草选购宜与忌

适合家居的植物 >>>

我们都知道，花草不仅能美化我们的居室，而且还具有清新空气、净化环境的功能。养好一盆健康的花草，对居室来说无疑是锦上添花，身处居室之中，既能欣赏着鲜花的艳丽、绿叶的柔和，又能享受清新的室内空气，有益身心健康。

不过，花有百类，树有千种，自然界如此众多的花草树木，它们各自的特点都不一样。而对于居室来说，以下这几类花草，是最适合在家中种植的。

能够吸取毒素的植物

随着社会经济的发展，我们身边的空气污染也越来越严重，即使身处居室之中，也可能受到各种有害气体的侵扰。如果在居室中种植吸取毒素能力强的植物，无疑能对健康起到有益的作用。空气中有一定浓度的有毒气体，包括氮氧化物、氟化氢、甲醛等，它们来自日常生活的各个方面，而许多花草都能对这些气体进行一定的吸收。

比如石榴植株，就能吸收空气中的铅蒸气，尤其是石榴的叶片，对于二氧化硫、铅蒸气有着极强的吸附能力；而水仙、紫茉莉、菊花等植物，能够将空气中的氮氧化物转化为植物细胞中的蛋白质；吊兰、芦荟、虎尾兰等，更能大量吸收室内甲醛等污染物质，消除并防止室内空气污染，许多装修过后的家庭，都会种植吊兰来吸收甲醛；雏菊、万年青等可以有效消除三氟乙烯的污染；月季、蔷薇等可吸收硫化氢、苯、苯酚、乙醚等有害气体。此外，还有最具净化空气能力的石竹，有着吸收二氧化硫和氯化物的本领，能够通过叶片的作用，将毒性极强的二氧化硫转化为无毒或低毒性的硫酸盐化合物，凡是有类似气体的地方，都可以种植一些石竹。

能分泌杀菌素的植物

人类居室之中有着大量的细菌，尤其是在卧室之中，大多数人习惯关窗关门，空气得不到适当的流通，时间一长，细菌就可能大量繁殖。而在居室中如果种植能够分泌杀菌素的植物，无疑能对这个问题进行改善。能分泌杀菌素的植物，主要有茉莉、丁香、金银花、牵牛花等花卉，它们分泌出的物质，能够杀死空气中的某些细菌，保持室内空气的干净清洁，对一些传染性疾病有着预防的作用，比如白喉、结核、痢疾病原体和伤寒病菌等，都能因而得到抑制。

有"互补"功能的植物

大多数的植物，都是在白天进行光合作用，来吸收二氧化碳并释放出氧气；到了晚上，则开始吸收氧气，释放出二氧化碳。而夜间正是人们卧床休息的时间，植物大量释出的二氧化碳，会对人体造成不利影响。不过，也有一些植物的光合作用正好相反，是在白天释放二氧化碳，而在夜间吸收二氧化碳，释放出氧气。这类具有与人类呼吸"互补"功能的植物，无疑是种植在居室中的绝佳选择。这类植物的代表就是仙人掌类，将其种植在居室之中，能与人类互惠互利，又能平衡室内氧气和二氧化碳的含量，让居室的空气保持清新。

性情喜阴的植物

在居室中种植各类花草，不仅要考虑到自己的审美需求和健康需要，而且也要考虑到植物本身的需求。很多植物都对阳光有着必不可少的迫切需求，如果长期养在室内，无法得到足够的阳光，就可能会变得越来越弱。所以，要在居室内种植植物，最好选择那些阴生观叶植物或半阴生植物，比如文竹、龟背竹、常春藤、虎尾兰、洋兰类、绿巨人等。这些植物能较长时间地耐荫蔽，对于阳光的需求并不高，种植起来也更加方便。

不适合家居的植物 »

有强烈气味的植物

有强烈香气或刺激性味道的花草，不宜放在居室中（尤其是卧室内），其中代表花卉有夜来香、百合花、风信子、兰花等。这类花卉有些是香味过于浓郁，有些是对人体的嗅觉有比较强烈的刺激作用。夜来香是一种很容易栽培的花卉，香味非常浓郁，能起到驱蚊的功效，所以许多人喜欢在夏季种植。但一般建议将夜来香种植在室外，比如院子里、阳台上，而不要种植在室内，尤其不要在开花时移入室内观赏，因为夜来香的香味过于浓郁，易刺激嗅觉，很可能会致人头晕，对高血压和心脏病患者有不利影响。

经科学研究表明，经常闻花香的人，心理情绪和身体健康都会受到一定的影响。从化学上说，花草植物所散发出的香味，其实是由几十种挥发性的化合物组成，其中包括芳香族的酯类、醇类、醛类、酮类等物质。这些物质散播在空气中，被人们所吸收，会对人类的呼吸中枢造成刺激，从而促进人体的呼吸功能。如果是对人体有益的香味，能让大脑获得所需的充分氧气，人们的神经系统也能得到有益的调节，促进血液循环，增强人的思维能力、机体活动能力，让人精力充沛。现在流行的"花疗"和"香熏疗法"，就与此有关。

但是，如果花草的香味过于浓郁，就可能造成不利的影响。花香过浓，会使室内空气中的含氧量减少，让人们在呼吸过程中过度换气，血液里的含氧量也会降低，从而导致不适症状，比如心烦意乱、头晕目眩、恶心呕吐、失眠等。

有毒的植物

有毒的植物，其代表有夹竹桃、洋金花（曼陀罗花）等。这类植物放在空气流通不佳的室内，对人体健康比较不利。比如夹竹桃，它的叶、花、树都含类似洋地黄的强心苷成分，其分泌液会使人中毒，生活在这种环境中可引人昏昏欲睡，产生智力下降、心率加快等不良情况，并引发幻觉、晕厥等神经症状。此外还有郁金香、含羞草等，都含有对人体不利的物质。

当然，这里所说的有毒花卉，是指那些毒素可能散发的花卉。而在自然界，还有许多植物虽然本身有毒，但只要不去食用或经常触碰，就不会产生不利影响，可以放在室内栽培。比如水仙花、马蹄莲、铁树、虞美人、万年青、滴水观音等，都含有一定的毒素，著名的一品红甚至全株都有毒，但只要不去触碰或食用，其毒性绝不会威胁到人体健康，可放心栽培。

5. 花卉生长的基础要素

土壤 >>>

有过养花经验的人都说："土壤是花卉赖以生存和生长良好的物质基础。"这话一点也不假。因为土壤和花卉的接触最亲密、最直接，它不仅为花卉终身免费提供生长所需的矿物质、有机物、水分、氧气等营养元素，还担负着花卉根部的通风、保温、蓄水等职责。

土壤有天然土和人工土两种，天然土壤因地域差别大致又可分为黏土、沙土、壤土等，每种天然土的功能和使用方法各不同。家庭地栽花卉可用一般的天然土，而家庭盆栽花卉因其根系活动范围被"圈定"，所以对土壤的要求比露地栽培更严格，既要求土里面营养物质全面，又要求土壤透气性好、锁水能力强，可天然土壤中没有一种土能做到面面俱到。

因此，最好的方法是使用人工配制的培养土，这种培养土是根据花卉不同的生长习性，将两种以上的土壤或其他基质材料，按一定比例混合而成，以满足不同花卉生育的需要。别以为配制培养土很难，其实只需要养花人动动手即可，兴许能大大提升养花的乐趣呢！

准备材料

腐叶土：就是用植物的枯枝落叶、杂草，掺入水和粪便腐蚀后制作而成的土壤。市场上买的腐叶土呈棕黑色，和天然黑土相像，土质松散，透气、透水性好，土里营养物质丰盛，是优良的盆栽花卉用土，哪怕单独使用，也适合多数家庭花卉，如秋海棠、栀子花、仙客来、报春花、兰花等。

园土：一般是指郊区种植蔬菜的土壤。这种土壤因经常耕作，土质肥厚，是配置培养土的主要原料之一。但这种土表层易板结，淋湿后透气、透水性差，不宜单独使用。

暖心小贴士

选购土壤除要分清品种，还要熟识其性质——酸性，还是碱性？大多数花卉喜偏酸性土壤或中性土壤。一般来说，酸性土颜色较深，多为黑褐色，且土质疏松，捏在手中有种"松软"的感觉，松手后土壤易散开不结块；而碱性土颜色偏白、黄等浅色，质地坚硬，用手捏后易结块且不散开。

值得注意的是，像建筑工地上挖出来的土，是绝对不能充当园土的。这种土干燥时易龟裂，湿润时像泥浆，透气、透水性都很差，很容易影响花卉吸收土中营养物，有时甚至会让花卉窒息而死。

沙土：是传统的盆栽花卉用土，市场上很容易买到。但相对腐叶土来说，这种土颗粒细，透气、保水能力稍差，单独使用时常用来栽培仙人掌等多肉花卉。

厩肥土：用牲畜粪便、残余饲料混合的发酵物，这种土含多种有机质和钾、磷等养分，一般用作基肥，可改善盆土板结的情况。

针叶土：用松柏针叶树的落叶残枝堆积腐蚀而成，因其土质呈现独特的强酸性特质，单独使用时并不适用栽种一般大众花卉，只适合栽培杜鹃类喜酸性环境的花卉。

制作过程

一般盆栽花卉使用轻肥土即可，方法是将腐叶土、园土、厩肥土，以2∶2∶1的比例混合，或将园土、腐叶土以1∶2的比例混合而成。这种培养土让土质更完善，透气性好，养分充足，一般家庭花卉即可栽种。

少数喜欢偏碱性土壤的花卉，如石榴、木槿等，可用腐叶土、厩肥土、园土，以1∶1∶2的比例混合成重肥土栽培。

以上只是按大多数花卉需要而配制的培养土。实际上，配制培养土并不是非要按以上固定的比例或模式来进行，只要配制出的培养土含丰富的营养物，具有良好的排水、透气性，保水能力强，干燥时不开裂，湿润时不成浆，不含虫蛹，都可算作是成功的培养土。市面上还有不少已经配好的培养土，专用型或通用型，多经消毒灭菌，营养更为全面。

暖心小贴士

近年兴起一种叫水培的养花方式，它将花卉所需的各种养分集合到一起，配制成营养液，让植株直接吸收，比传统的有土栽培更省事和卫生。但因营养液配制方法较复杂，一般不自行配制，可直接到花卉商店购买水培花卉专用肥。

许多花卉适合水培，只需要定期换水加肥即可。

水分 >>>

人们形容美女，要不就是"水灵灵"的，要不就是"如花似玉"，可见花儿和水有着密不可分的关系。一般花卉体内含水量为70%~80%，少数品种能达到90%，水能够为花卉提供养分、调节体内温度、影响花芽的正常分化……花卉想要保持枝干挺拔、叶片翠绿光亮，只有在含水量充足时才能实现。看来花儿想要健康美丽地生长，还真离不开水的滋润！

花卉离不开水，但水并不是越多越好。过多的水分，反而会让花卉根部时刻处于"潜水"的状态，最终因缺氧而无法呼吸，轻则抑制花卉生长，严重的甚至会威胁花卉生命。

一般来说，花卉的需水量因其品种、生长时期、季节变化而变化，按照不同花卉的需水要求，花卉可以分为以下三类。

◎旱生花卉：这种花卉对水分要求不高，即使在很干燥的环境中，依然能继续生长。这类花卉一般有仙人掌科、景天科植物，主要原产于炎热的干旱地区，为了适应当地干旱的环境，它们的外部形态和内部构造都有着独特的特征，比如叶片变小或退化，变成了刺毛状、针状，或是肉质化；表皮角质层加厚，叶表面具茸毛等，这些特征都是为了减少植物体水分的蒸腾。此外，旱生花卉的根系都比较发达，这是为了增强吸水力，从而更加增强了适应干旱环境的能力。总之，旱生花卉具有耐旱、怕涝的习性，可以长期不浇水，如果浇水过多，反而容易引起烂根、烂茎，发生病害，甚至死亡。

典型的旱生花卉有仙人掌、仙人球、景天、石莲花、玉露、蟹爪兰、十二卷等。

◎湿生花卉：这种花卉一般都原产于热带的沼泽地，或者是阴湿的森林中，它们的耐旱性非常弱，有的湿生花卉可以常年生活在水中。所有的湿生花卉，都需要生活在潮湿的环境中，才能健康生长。如果长在干旱场所，则植株矮小，花色暗淡。所以在栽培这类花卉时，就需要频繁浇水，保证泥土一直处于湿润的状态中，坚持"宁湿勿干"的浇水原则。

典型的湿生花卉有热带兰类、蕨类和凤梨科植物、马蹄莲、龟背竹、海芋、万年青、水仙、旱伞草等。

◎中生花卉：顾名思义，中生花卉对水的需求正好介于旱生花卉和湿生花卉之间，这类花卉的数量最多。中生花卉在湿润的土壤中生长，长大后的植株有的耐旱，有的耐湿，浇水次数因根部入泥的深浅而定，入泥深可少浇，入泥浅则需多浇。

典型的中生花卉有月季、扶桑、栀子等。

光照 >>>

光照是花卉生长发育的必要条件，花卉体内叶绿素、花青素的形成，气孔开闭，蒸腾作用，水分及营养物的吸收等，都受到光的影响。光照充足时，光合作用强，积累下的养分就多，植物就能生长良好、发育健壮。

但每种植物在其生长发育过程中，对光照有不同的要求，有的需要在强光下才能生长良好，有的则需在半阴的环境中才能生长，"阳牡丹，阴茶花，半阴半阳四季兰"，说的就是光照和花卉间的关系。按花卉对光照需求度不同，可将花卉分为长日照、中日照和短日照花卉。

◎长日照花卉：每天需超过12小时的光照，才能分化花芽，喜欢强光而不耐荫蔽。这类型的花卉品种较多，且生长旺季多在夏季。

典型的长日照花卉有金盏菊、瓜叶菊、凤仙、长春花、鸢尾、石榴、茉莉、米兰等。

◎中日照花卉：对光照不敏感，长日照、短日照均可照常分化花芽，但通常它们不喜欢强光，耐阴能力也一般。

典型的中日照花卉有桂花、石竹、矮牵牛、月季、天竺葵、马蹄莲等。

◎短日照花卉：这种花卉每天需要光照的时间较短，以弱光和散射光为主，具有较高的耐阴能力。这类花卉花期多在早春或晚秋。

典型的短日照花卉有长寿花、蟹爪兰、波斯菊、一串红等。

若是家庭条件有限，不能给花卉提供充足的阳光，短日照花卉是不错的选择。

需要注意的是，无论是哪种花卉，对光的需求量并非一成不变，而会随着年龄的增长而逐渐改变。比如，菊花虽然喜欢较长的日照时间，但在开花时期却要求进行短日照，才能形成花蕾。光照还可以促进花芽形成，同一植株上，面对阳光的一面总是比背光的一面枝芽多。

温度 >>>

温度是影响花卉生长的重要条件之一，它能影响植物的光合作用、呼吸作用、蒸腾作用、水和矿物元素的吸收、营养物质的运输和分配等，从而决定植物的生长发育速度和体内一切生理变化。

大多数花卉在4~36℃的范围内都能存活，超过生长的最高温和最低温，花卉就会自然休眠或被迫休眠，这对花卉生长极其不利。因此，若想要种好花，必须先了解温度对花卉的影响以及花卉的耐热力（花卉能忍耐最高温度的能力）和耐寒力。

温度过高

从植物内在生理来说，温度过高会加快植物呼吸的频率，导致植物本身有机物的合成速度比消耗速度慢，水分流失快，代谢功能紊乱等；显露在外的，是植株出现斑点，叶片、果实、花朵脱落等，时间一长或达到植物的最高耐热点，植株就会死亡。高温下病虫活动频繁，对花卉的危害加重。

花卉种类万千，因其产地不同，耐热力也不同，一般植物能忍受45℃左右的高温，有些仙人掌甚至可忍耐60℃的高温，所以在自然高温下，能直接热死花卉的现象还是少见的。只要不是长期暴晒，一般花卉在遭遇高温时，及时遮阴并对其进行补水，它仍然会生长旺盛。

温度过低

对花卉来说，高温只能算是纸老虎，而低温则是名副其实的山老虎。因为高温带来的伤害虽直接却不致命，但低温却招招致花卉于死地。比如说原产热带和亚热带的红掌、一品红等花卉，温度在25℃以上时，它们可茁壮成长；当温度降至10℃，生长就会变得缓慢；到5℃时要靠休眠来防寒；低于5℃，很可能出现冷害、冻害，甚至是死亡。偏偏冬天低于5℃的天气很多，且一旦对花卉造成伤害，通常没有明显有效的挽救方式。

也有少数花卉反其道而行，越是低温，反而越是花开绚烂，像腊梅、白玉兰等，哪怕是在0℃以下的环境里，也能保持盎然生机。对喜欢冷气候的家庭花卉来说，冬天是其最乐于成长的季节，此时养花人只需要注意不要让室温太高即可，否则花卉就要更多、更快地消耗身体内部的养分，从而影响其生长和开花。

不同花卉对温度的要求

人们为了便于栽培管理，通常会根据花卉的抗寒能力，将其分为以下三大类。

耐寒花卉：如玉簪、萱草、丁香、迎春、金银花、梅花、南天竹、海棠、木槿、龙柏等，这些花卉能忍耐-20℃左右的低温，哪怕是在东北露地过冬都没问题。因此冬天时可不必大费周折地将其搬进室内或移进温室中，只需施好肥料，将根部埋在土里，置于室外朝阳避风的地方即可。

稍耐寒花卉：如龟背竹、石榴、月季、吊兰、君子兰、仙客来、昙花、菊花、芍药等，大多能耐-5℃左右的低温。当天气极度寒冷时，有的花卉需要包草保护才能越冬，有的需要在0℃以上的室内越冬，还有的可和耐寒花卉一样置于室外。品种不同，采取的措施也不同，养花人应耐心地加以区分，然后用不同的方式对待。

不耐寒花卉：如蝴蝶兰、米兰、白兰、大花蕙兰、茉莉、栀子、马蹄莲等，在冬天时一定要搬进温度在5℃以上的室内，及时采取保暖措施，否则这类花卉一受到冷空气影响就可能毙命，来年就无法看到其花开的样子了。

同一种花卉在不同的发育阶段，对温度的要求也不一样，如大多数花卉在播种时要求土温偏高些，以利于种子吸水、萌发和出土；幼苗出土后温度可略低些，如果此时温度过高，幼苗易徒长，致使植株细弱；当植株进入正常的生长期后，则需较高的温度，因为高温有利于营养物质的积累；而到了开花阶段，又要求温度略低一些，以利于花朵的生殖生长。另外，为让花卉生长迅速，可让热带植物保持3~6℃、温带植物保持5~7℃的昼夜温差。

肥料 >>>

花卉需要的养分，除从原始土壤中吸收，还需要通过人为的施肥获取。花卉生长所需的氮、磷、钾、钙等矿物元素，虽说不是花卉所必需的基础物质，却可以直接决定花卉能否开出理想之花、丰硕之果。

肥料按其性质，一般可分为有机肥料和无机肥料两种。

◎有机肥料：是指各种动物粪便、食物残渣等经过发酵腐烂后形成的肥料。在日常生活中，可将许多废弃物收集起来自制有机肥料，如将废菜叶、瓜果皮、鸡鸭鱼内脏、鱼鳞、废骨、蛋壳等物质放入一个瓦罐内，加上少许水后盖严，经过一段时间发酵腐熟后即可使用。

◎ 无机肥料：主要是指矿物肥料和化肥，如尿素、硫酸铵、过磷酸钙等，无臭无味，肥效显著，相对有机肥来说较卫生。只是无机肥料浓度大，使用前需按一定比例稀释。

有机肥料和无机肥料各有好处，有机肥料的肥效较长，长期使用可改善土质，有助盆土疏松通气，缺点是容易滋生地下害虫；而无机肥见效快，使用方便，但长期使用会让土壤变硬。因此，家庭养花应两种肥交替使用，尤其可多使用有机肥，再辅以少量无机肥。

🖉 暖 心 小 贴 士

　　一般家庭多选用市售经腐熟有机肥，如饼肥。

　　如果使用自制有机花肥，可在使用前对其进行稀释，然后静置一夜，第二天取最上层的清液使用，以免将腐蚀物带入土中滋生害虫。

6. 花卉种植基本工具

花盆，花卉最贴心的小家 >>>

将花儿请入家中，第一件事自然是要将它们好好地安顿起来。就和人类需要一个温暖舒适的房子一样，花卉也需要有一个合适的小家，那就是花盆。千万不要以为花盆可以随随便便购买，其实它的种类繁多，有泥盆、石盆、瓷盆、木盆、塑料盆等，每一种都各显其能，在选购花盆时，一定要了解各类花盆的优缺点，然后根据自己的需要进行购买。

◎泥盆：泥盆又称为瓦盆、素烧盆，价格便宜、实用，在一般情况下是最适合家庭盆栽使用的花盆。因为泥盆的透气性和渗水性都非常好，最为独特的是，泥盆上有无数肉眼看不见的细孔，非常适合家养花卉的生长需要。泥盆因其产地的不同，外形和性能也会略有不同，南方生产的泥盆一般颜色较灰，盆稍浅，口径大，适合用来栽培花卉的幼苗；而北方生产的泥盆，色泽一般是偏红色，口径大小不一，型号众多，通常用来栽种成品盆栽。

泥盆也有一定的缺陷，那就是质地一般较差，很容易破碎。在购买泥盆时，首先要看看有无裂缝的现象，其次要选择敲起来声音清脆的。

◎瓷盆：这类盆属于涂釉盆，比泥盆坚固耐用，而且款式多种多样，外形美观，色彩鲜艳有光泽，对土壤的保湿程度也非常稳定。

但涂釉盆的缺陷就是透气、渗水性能较差，如果是盆栽花卉，涂釉盆对它们的生长非常不利，因此，涂釉盆一般只适合作为套盆使用，摆在客厅、角落里装点房间。

◎塑料盆：所有花盆中最轻盈、最便宜的一种，也正因为其造型优美、质地轻便，多半用来悬挂种植吊兰等植物。但这种花盆透气性较差，浇水后不易干燥，因此要严格控制浇水的数量。

◎紫砂盆：这类盆质量和瓷盆相似，排水性能较差，只有微弱的透气性，但造型美观，很适合用来装点家居，多用于兰花等名贵花木的种植。

选购花盆时，除了要看其材质，还要看其大小。一般高度不超过10厘米的花盆称为浅盆，适合播种、育苗等；口径比高度大50%左右的是普通花盆，一般花卉都可使用；口径高度相当的圆盆，就适合栽种根系发达的花卉。

暖心小贴士

　　为避免选到不恰当的花盆，最好根据花卉的株型、高度、根系多少等来选，否则花盆过小会显得"头重脚轻"，花盆过大又会显得"小脑大脚"，无论哪一种情况，都会影响花卉根部呼吸，对植物生长非常不利。

但无论是哪种花盆，一定要保证盆底有排水孔，就像舒适的鞋子，一定会配备一双柔软的鞋垫一样。

喷水壶，绿植最忠诚的园丁 >>>

喷水壶按其功能分，可分为喷壶和喷雾器两种。

◎喷壶：喷壶的主要作用，就是用来给花卉浇水，让花卉和泥土保持湿润。喷壶的喷头有细眼和粗眼之分，最好两种各备上一个，叶片洒水用粗眼喷头，播种或扦插盆栽时则用细眼喷头。为了减弱水的冲力对小苗的伤害，可以在喷水时将喷头朝上，让水在空中划出一个完美的弧线，依次从上而下浇到花卉根部。如果是给盆土浇水，可以卸掉喷头，让喷嘴靠近花盆，慢慢地浇水，使水分逐步渗透到底层。

◎喷雾器：喷雾器主要是用来喷洒药剂，防治花卉的病虫害，也可以用来给花卉喷洒稀释的化肥，帮助花卉增强

营养。若是赶上扦插繁殖，用其给叶片喷水雾，可以大大提高植物的存活率。

但必须注意的是，喷雾器停止使用后，应细心保养：先将器皿内多余的药液倒掉，然后用碱水清洗药液桶、胶管、喷杆等部件，最后用清水冲洗干净，晾干放置。这样可以避免喷雾器内残余农药腐蚀器皿，也可以防止喷雾器受潮生锈，影响使用寿命。

 暖 心 小 贴 士

喷壶还可用于花卉喷雾保湿，比如喷洒水珠到火鹤花、观赏凤梨等喜欢潮湿环境的植株上，对其生长极有帮助。但一般花卉不建议往植株上浇水，尤其是叶面上有绒毛的植物，如大岩桐、非洲堇等，以免干扰植物的正常生长，甚至导致叶片、花芽腐烂。

剪刀，修剪花枝草木的道具 >>>

枝繁叶茂的花卉固然惹人喜爱，可有时枝叶太过繁茂，反而会阻碍内部通风透光，极易引发病虫害。而给花卉修枝剪叶，不仅可让花卉看起来更"有型有款"，还能少生病，一举两得。

因修剪枝叶的部位不同，建议准备长刃剪刀和修枝剪两种，长刃剪刀用来修剪叶片、摘心、摘叶等，而修枝剪则主要用来修枝塑形。因每种花卉大小不同，所需剪刀规格也各异，购买时最好根据自己种植的品种，向店员问清剪刀的型号、规格。

第二章

勤练园艺
基本功

柳宗元说："问养树，得养人术。"养花的工作表面看似简单，其实非常考验一个人的耐性。给花儿换盆、除草等，简单的小动作却蕴含着无尽的大学问，想要种好花，还是先练习下花艺基本功吧！

1. 上盆换盆，给花草安家

花盆是花草的家，也是花草赖以生存的地方。我们知道了各式花盆的种类与优缺点，在选好合适的花盆之后，就要将花草好好安顿在内。所以，"上盆"是一个不能忽略的过程。

◎上盆：所谓上盆，就是第一次将花苗栽入盆内的工作，这是养花的第一项重要作业。很多花草从商店里买来，还仅仅是裸根花卉，简单地包在纸中，需要拿回家后种到盆里；还有些花草在购买时，商店会附赠花盆，但花盆可能

有破损、碎裂等现象，又或是花盆质量不佳、透气性不好、外观不够漂亮，买回家后需要重新换盆。所以，熟悉上盆的知识，对于养花者来说非常重要。

在上盆之前，首先必须根据花苗的大小，选择合适的花盆，然后用碎瓦片或金属网丝将花盆的底孔盖上，以免盆土漏出，弄脏家中的地板，还利于日后排水。接下来，要根据花苗根系的

大小，在花盆中填入1/3~2/3的培养土，然后将花苗植入盆中，这时一定要注意，必须将植株扶正，不能歪斜，最好请助手在一旁帮忙，让植株保持直立的角度，然后继续往盆中填土，直到土可盖住根茎部1~2厘米。上盆完毕之后，还应该立即给花卉浇1次水，以水从花盆的底孔处渗出为好。

◎换盆：俗称"翻盆"，就是将盆栽植物换入另一个盆中栽种。换盆的原因有三个，一是因为花木长大，根须发达，原来的花盆已无法满足生长发育的需要，必须换入较大的盆中才能健康成长；二是由于经常浇水、雨水冲刷、长期施肥等原因导致盆土板结，土壤的渗透性变差，营养物质严重匮乏，不利花卉继续生长；三是花木根部患有疾病，或遭遇虫害，需立即移入其他盆中。

　　换盆时一定要注意小心呵护，应该将花卉从盆中和"土"托出，然后刮去根部周围1/3~1/2的旧土，并将有明显挤压或腐烂痕迹的老根、枯根、卷曲根统统剪掉，再将花卉植入稍大些的花盆中，在四周填入新土，用手指稍加按压固定即可。

　　花卉的换盆次数，一般由花卉的品种决定，如果是一二年生草本花卉，一般生长得比较迅速，从幼苗到

开花期总共可能要换盆2~4次；而如果是宿根花卉，则一般应每年换1次盆；木本花卉生长较慢，一般可2~3年换1次盆。

此外，不同种类的花卉，换盆的时间也不一样。草本花卉除开花季节或花朵形成季节不能换盆外，一年四季都可换盆。宿根花卉和木本花卉的换盆时间，应该选在秋季生长即将停止时，或是早春生长开始前进行。

2. 浇水大有学问

花卉的健康生长，离不开水的滋润，因此，给花卉浇水就成了养花过程中一件最频繁、最主要的工作。可是，家养花卉的根系蜗居盆中，对于浇水量的多少却非常有讲究。如果浇水太少，会让盆土干燥，导致花卉奄奄一息，甚至枯死；而如果浇水太多，又会让盆土太过湿润，导致花卉烂根，甚至因根部窒息而死。很多初学养花者经常将花草"养死"，其中很大一部分原因就是浇水不当，刚买回的花卉还没来得及欣赏几天，就死于人为导致的"水灾"或是"旱灾"了。所以，浇水的工作看似平常、简单，实际上大有学问可言。

家养花卉最好选用什么水灌溉 >>>

一般来说，雨水和雪水是最为理想的浇花水，因为这两种水都只含很少的矿物质，而含有较多的氧气，十分符合花卉对水质的要求。不过这两种水在都市中很难求得，而普通的自来水则"得来全不费工夫"，因此自来水是都市中最常见的浇花水。

但使用自来水浇花时，应注意不要用新放出来的自来水，因为城市的自来水大多经过消毒处理，水中含氯较多，直接用来浇花会干扰花卉对水中营养物的吸收。而应将自来水倒入缸中存放或晾晒1~2天，使氯气挥发了再用。也可在自来水中加入少量明矾或米醋，使其呈微酸性，都会更有利于花卉对水分的吸收。

注意：不能使用含有洗衣粉或肥皂的洗衣水以及含有油污的洗碗水浇花。

带"料"之水也能浇花 >>>

现在我们知道，最好的浇花水是雨水、雪水等，可身在城市中实在难求，只能采用晾晒过的自来水。不过，如果能有效利用身边带"料"的水浇花，也能产生不一般的浇花效果！

◎残茶浇花。残茶用来浇花，不仅能保持土壤中的水分，还能给植物添加养料，从而增加植物所需的营养素。用残茶浇花，应有节制、有规律地定期浇，最好用放置几天的茶水浇花，而不是随时有喝不完的茶水，就随时倒入花盆中，否则花卉不被淹死，也会因盆土板结失去营养而死。

◎发酵奶浇花。牛奶中含有大量的钙、钾等元素，用来浇花可让花卉长势更好、更健壮。但使用牛奶浇花，一定要用变质的牛奶，新鲜的牛奶不宜使用，浪费金钱不说，还很容易"烧烂"花卉的根部。因为将新鲜的牛奶倒入盆土中，将来其发酵时会产生大量的热量，这会严重伤害花卉的根部。另外，用牛奶浇花时，最好能多加些水稀释。为了避免不良的味道扩散，可以在花土中挖一个小坑，将牛奶倒进去并覆土。

◎淘米水浇花。淘米水中常常混有糠麸和少量碎米粒，这些物质中通常含有丰富的磷、氮、钾等植物生长所需的矿物元素，经常使用淘米水浇花，可让花卉枝叶繁茂，花色鲜艳。但淘米水不宜直接用来浇花，否则长期使用呈弱碱性的淘米水，会造成盆花土壤板结，妨碍植物根系吸收营养。最好能将淘米水放在密封的坛子中发酵，一般2周的时间就可以了，2周后倒出淘米水用水稀释下，然后用来浇花，就能出现你希望的浇花效果了。

家养花卉浇水八字原则 >>>

"花界"有句流行语："旱死的花并不多见，浇死的花倒随处可寻。"字义不难理解，许多养花人怕"渴"了花卉，拼命给花浇水，结果适得其反，还害花儿丢了小命。所以给花卉浇水要适时、适量而行，牢牢抓住"不干不浇，浇必浇透"的八字原则，切忌"半截水"——也就是在盆土湿润时浇水，或只浇湿盆土表面，下面的土依然是干的。

那如何判断盆土是否干燥呢？方法很简单，即在平常季节，看见盆土发白，并出现明显的"皱纹"缝，可将手指插入盆土2厘米以下的位置，如果感觉很干燥，说明该浇水了；如果是刚翻过土的花卉，应将手指插入盆土3厘米以下的位置，感觉干燥才可浇水。

为让盆土充分吸收水分，每次浇水要分两回进行，第一回用少量的水湿润盆土表面，待水分完全渗入后再浇第二回，第二回浇足水的标准，是以盆底孔出水为好。

给花卉浇水，还要按其需水量来定，像叶片上有大量绒毛，叶片细小的木本类花卉或多肉类花卉，总体需水量小，可少浇水。叶片大而薄，植株柔软的草本类花卉，可按常规方式浇水。

常规浇水方法：夏秋季可多浇水，阴雨天、冬天、休眠期少浇水或不浇水；高温季节中午不浇水，改成早晚进行，冬季则在中午前后浇水。若花卉不幸被暴晒过，应先移到阴凉处，然后用喷雾浇湿叶片，待花卉吸收后，再对根部浇水。

暖心小贴士

下雨后，要留心花盆内是否有积水，若有少量积水，应及时倒出，如果积水严重，导致花卉"萎靡不振"，可将植株带土移出散发水分，过几天待花卉恢复正常后再上盆。不小心浇水过多时也可采取同样的方式处理。

给正在开花的植物浇水时，应先用手拨开叶片，避开花朵，只需浇湿土壤即可。因为大部分植物不但花瓣上有短绒毛，而且叶片上也可能有绒毛，如果叶片上沾了水分，就会耗费植株大量的能量进行蒸腾作用，从而减短花朵的寿命。

在花卉的孕蕾期，可有规律地多浇水，切忌忽多忽少地浇水，否则易造成落花、落蕾等情况；到了花朵盛开期，不仅要注意浇水方法，浇水量也要有所减少，以降低叶片蒸腾作用，保留养分供应给花朵，延长花期。

家中无人，浇水有方 >>

过年过节探亲、平常出差等，都不能将花卉随身携带，如果不在家的时间长达十天半个月，那花卉怎么办？冬天不给花卉浇水尚可，其他季节不浇水，岂不是要让花卉渴死？当然不是，不妨采用以下两种方法给花卉浇水吧！

塑料袋浇水法

塑料袋装满水，袋子的封口处用橡皮筋或绳索系紧，然后用针在袋子的低端刺一个小孔，将袋子放在花盆中，让有孔的那一端贴着盆土，袋子里的水就会慢慢渗出来浸湿土壤了。需要提醒的是，刺孔时数量不要贪多，也不要让孔的缝隙很大，以免水渗漏得太快，导致前期根部被淹，后期根部受旱。

布条浇水法

在花盆的旁边放上一盆水，然后找一根吸水性很好的布条或海绵条，一端放在装水的盆子中，另一端埋在花盆的土里。这样水分便会通过布条或海绵缓慢地浸润土壤，你就再也不用担心花卉的浇水问题了。当然，如果平时采用的就是绳吸浇水法，现在只需要在旁边的容器中加满水即可。

暖心小贴士

布条浇水法又称作毛细管作用法，实质上就是利用毛细管现象，让水分不断地供应到盆土中。如果没有布条，也可以采用灯芯等物品，注意装水的盆子要高于花盆的位置，这样才能保证源源不断的水分供应。

修剪，让绿植锦上添花

爱美的人都坚信"三分长相，七分打扮"的真理，花卉也有自己的扮靓秘籍——"七分靠管，三分靠剪"。别小看了这区区"三分剪"，换来的不只是花卉优美的外形，还能预防疾病，更重要的是能让花卉多开花、开大花，真是一举多得！

很多人都见过园林工人修剪花草枝叶，看上去很简单，其实却有着一套专业的工序。对一般的家养花卉来说，进行修剪的具体内容也是有讲究的，包括修枝、疏剪、短截和摘心、抹芽等，每一项工作都有其独特的意义。

◎修枝：所谓修枝，就是对花卉上的花枝进行修剪。而必须修剪的对象，一般包括那些重叠的小枝、不规则的叉枝、多余的柔弱枝、腐烂的枯枝和病虫枝等，这些都必须仔细修剪掉，才能保持花卉整体外观的整齐美丽。在修剪时，注意剪口一定要平整，不能留下茬桩，以免影响整体的美观。

修枝的时间也是有讲究的，一般在花开落叶之后进行。对修枝要求比较高的花卉，有杜鹃、月季、桃花、梅花、海棠等，这些花卉枝条的萌发力比较

强，需要每年定期修枝，适时修剪枝条的形状，才能保持美丽的株型，促进花多叶茂。

◎疏剪：疏剪就是剪去花丛中比较密集的枝条和叶片。很多人只知道花卉过于稀疏不好，却不知道，花卉生长得过于密集，也不利于其成长。当花卉的植株生长得过于旺盛，导致枝叶过密时，通风、透光都会受到影响，尤其是密集中心的花枝，既得不到足够的空间和空气，又无法接受适宜的光照。这个时候就应该疏剪其内部的枝条，或是摘除过密的叶片，使它们层次分明，不但有利于通风、透光和开花，也对花卉生长、花朵颜色都大有好处。

需要经常进行疏剪的花卉，一般有栀子花、倒挂金钟、杜鹃等。这些花卉开花数量较多，如果让花朵长期挂在枝头，就会导致营养浪费，植株也会因此变得"垂头丧气"，应及时将盛开的花朵摘除。此外，如果发现受到虫害、带斑点、颜色发黄的叶片和枯萎老化的花朵，也要及时清除。总之，及时对花卉进行疏剪，不仅能美化植株外观，还可以预防病虫侵害，有利新花枝的形成，使植株健康生长。

◎短截：短截是花草修剪中最厉害的措施，它是指将植物的上部分全部剪掉，又可分为重剪和轻剪两种，生长期多轻剪，休眠期多重剪。短截的对象一般是大型花卉，比如橡皮树、紫薇、三角梅、鹅掌柴。一般来说，对植物进

行短截，就等于是要剪去整个植株
10~20厘米，其作用是为了防止主枝
无休止地向上生长。对植物进行短
截，剪口应位于朝向外侧生长的腋
芽上方，剪口离芽约1厘米，可以促
使主枝的基部或根部萌发新枝，使
花卉更加丰满圆润。

◎摘心：摘心也被称作去尖、
打顶，是指用手指掐去或剪去花卉
主茎或侧枝的顶梢，破坏植株的顶端优势，抑制植株的高度，促使植株多分
枝、多发芽，从而整体看起来更美观、健壮。

大多数花卉在其生长过程中都要进行摘心工作，如一串红、金鱼草、五色
椒、长春花等花卉的植株长至10厘米高时，四季海棠、倒挂金钟、菊花等在小
苗定植成活后，都可开始摘心，以便日后开出更多、更大的花；而像石榴、月
季、一品红等，在其主枝生长旺盛时即可进行摘心，以加快分枝的形成，从而
完善花形。

需要注意的是，也有少数花卉不适
合摘心，比如凤仙花、鸡冠花、翠菊、石
竹、紫罗兰等。这些花卉若是摘心了，花
朵反而会变得更小。因为这些花的自然分
枝能力强，盛开花朵的时间持久且形状较
大，完全不用担心它会无休止地往上发
展，长成一棵开花甚少的独秆植株。

花卉修剪在休眠期、生长期都可进
行，但因每种花开花习性不同，修剪时间
也大不同。在春季开花的花卉，如梅花、
碧桃、迎春花等，冬季休眠期和早春发芽
前都不适合修剪，因为它们的花芽是在头
一年的枝条上形成的，若是在这两个时间

段修剪，很容易剪掉新生花芽。但在其开花后1~2周内适当修剪，就可促使花卉萌发新芽，来年又可长出更多的花枝。

而像月季、扶桑、一品红、金橘等花卉，都是在当年新生的枝条上开花结果，因此最好在冬季休眠期进行修剪，以使它以后长出更多新芽、多开花、多结果。观叶植物也可在休眠期修剪。

4. 花肥，花草的高级营养品

我们都知道，自然生长在郊外的野花，因为能吸收"天地日月之精华"，土系伸展的空间大，就算很久没人给它施肥，它也能维持正常生长甚至非常茂盛。而家养的盆花就不同了，它们的生活环境只有一个小小的花盆，只能从少量的盆土中吸收有限的养分，难免容易出现"营养不良"的症状。如果长期这样下去，不仅盛开的花朵越来越小、颜色越来越暗淡，严重的还可能导致花卉死亡。所以，想要家养花卉灿烂开放，就必须适时补点"营养品"才行。幸好，植物的营养品不像人类那样复杂，数来数去也只有一种——肥料。一般来说，肥料分为有机肥和无机肥两种。

有机肥 >>

有机肥包括动物性有机肥和植物性有机肥。动物性有机肥包括动物的废弃物、排泄物，禽畜类的羽毛蹄角和骨粉，鱼、蛋类的废弃物等；而植物性有机肥则包括豆饼及其他饼肥、杂草、树叶、绿肥、中草药渣、酒糟等。

有机肥一般都含有丰富的氮、磷、钾和许多微量元素，对花卉来说养分非常全面，生效比较慢，但是效果持久。在使用前，一定要经过充分发酵腐熟，否则会损伤花卉的根系。目前，室内养花常用的有机肥主要有各种饼肥、骨粉等。

饼肥：饼肥是一种常见的花肥，它含有丰富的氮素，还含有较多磷元素和钾元素，施入土中以后分解的速度很快，比较容易被花卉吸收。但在施用前，需要经过充分的腐熟。

骨粉：骨粉是以家畜的骨头为原料所制成的粉状产品，也是一种常见的有机肥。骨粉含有丰富的磷元素，是一种很好的迟效性磷肥。

无机肥 >>

无机肥也就是俗称的化肥了，大多是用化学合成的方法制作而成的，也有些化肥是天然矿石加工制成。无机肥的养分含量比较高，但元素比较单一，生效的速度比较快，而且比有机肥干净、卫生，所以目前许多养花者使用的都是无机肥。无机肥分为氮肥、磷肥和钾肥，其中氮肥主要能促进花卉枝繁叶茂；磷肥主要

能促进花色鲜艳，让果实更大；而钾肥主要能促进花卉枝干的生长，并且让根系健壮。

目前，市场上有很多花卉使用的有机肥出售，这类花肥大多都与土壤结合力强，很少流失，营养元素齐全，浓度高，肥效较长，而且清洁卫生，不污染环境。但需要注意的是，无机肥使用的时间过长，很有可能会造成土壤的板结，对花卉生长十分不利，所以最好与有机肥混合使用，这样效果更好。

草木灰：草木灰是一种使用广泛的钾肥，它不仅含有丰富的钾元素，还含有大量的磷、钙、铁、镁、硼等营养元素，很容易溶于水，是一种碱性的肥料。

有机肥和无机肥都有各自的优缺点，一般家庭养花者多是将二者轮流使用，这样既可以避免因为使用单一肥而造成土壤板结，又有利于花卉对营养的吸收。

如何除去肥料的恶臭味 >>>

用家里的废弃物自制有机肥，原材料多半是生的食物，但用这些原料发酵而成的液体化肥，常常会有一股难闻的恶臭味，而且这种气味会经久不散，让人头疼不已。那有没有办法可以既保留有机肥中的营养物，又轻松地除掉其中的恶臭味呢？当然有！

巧用橘子皮

将制作有机肥的原材料放入密封的罐子里时，可顺便放上几块橘子皮或柠檬，干的、湿的都行。因为橘子皮或柠檬中含有大量的香精油，随着肥料的不断发酵，其香味也会不停地往外挥发，使得恶臭味大大减轻。如果发酵时间很长，可在中途再投入几

块新的橘子皮或柠檬，就不用担心橘子皮或柠檬效果减弱，导致臭味乱飘了。

橘子皮或柠檬发酵后也是一种很好的肥料，所以，用橘子皮或柠檬和其他食物一起制作有机肥，既可增加有机肥效力，又可减弱其发酵过程产生的恶臭，真是一举两得！

巧用泡菜坛

将用来制作有机肥的废物，如臭鸡蛋、坏牛奶、豆腐等，放在普通的坛子里，虽说也可以达到发酵的目的，但总会有丝丝缕缕的恶臭味从缝隙中飘出来。如果将这些原材料全部倒进废弃泡菜坛子里，扣上盖子，然后在坛口的水槽中添满水，再放入一些杀虫药剂，就绝对不会有恶臭味散发出来了。因为泡菜坛子的密封性很好，且坛口的水能有效地帮助吸收臭味。不过，2~3个月后打开盖子时，还是会闻到一股臭味，这时不妨在发酵好的肥水中加入一定量的米醋，不仅能很好地缓解液肥臭味，还能顺带杀死肥水中的细菌，防止肥水使用时生虫。

5. 家庭废弃物巧制各类花肥

花卉同其他动植物生长一样，在其生长期间也都需要大量氮、磷、钾等元素，这些物质可以从花肥中获得。但如果每次都去市场上购买，不仅成本高，还可能买到假的肥料，远不如自己动手制作来得划算。其实，养花的肥料到处都是，比如家庭里的许多废弃物，西瓜皮、中药渣等，稍加处理，都可将它们做成绝好的有机肥，有的甚至还可以当做盆土的基肥施用！

自制酸性培养土 »

大多数花卉喜欢酸性土壤，自制酸性土的方法如下：首先，在秋天的季节里，收集一些松针叶、柳树叶、杨树叶等，然后将它们单独或混合着装进黑色塑料袋中，按照以下顺序依次铺好——最底下垫一层厚厚的树叶，树叶上垫上一层泥炭土或园土，之后一层树叶一层泥炭土或园土，再加入少许硫酸亚铁或柠檬酸铁，倒入足量的水后将袋口封严、压实，放在某个角落里，不用管它。

经过一个漫长的秋冬季节，袋子中的泥炭土或园土，便会发酵成酸性土，用这种土来种米兰、栀子花、桂花、四季秋海棠等最为合适。如果不想经过秋冬季节漫长的等待，一定要加入硫酸亚铁、柠檬酸铁和水的混合液，混合比例春冬季节为12：6：100，夏秋季节为6：4：100，然后装入软包装的塑料瓶中，将瓶子倒扣着埋入土中，拧转瓶盖至液肥能微微渗漏的程度，让液肥缓慢地渗入土中。

自制养花腐殖酸肥 >>>

腐殖酸肥是一种含有腐殖酸类物质的新型肥料，其种类主要有腐殖酸类、硝基腐殖酸类以及提纯腐殖酸类产品，前两种主要用来做花卉基肥，后一种多半用来做花卉生长调节剂，促进花卉生长，调节花卉开花时期等。腐殖酸可以与土壤中的许多微量元素相结合，加大其被花卉吸收的概率。另外，腐殖酸具有生物活性，可以活化花卉体内的各种酶，加强花卉的呼吸作用，促进其尽快生长。以下几种家庭废弃物都可用来制作腐殖酸肥。

◎豆腐渣：豆腐渣是上乘的养花肥料，不呈碱性，不会造成土壤板结。虽说豆腐渣是经过磨榨之后的残渣，但仍然含有相当多的蛋白质、维生素和碳水化合物等，稍加处理就能用它来促进花苗生长。自制豆腐渣的方法，是将豆腐渣装入缸内，加入10倍左右的清水密封发酵，夏天约需要10天，春秋季需20天左右，冬天可能需要整整一个月。待充分腐熟后，倒出豆腐渣做的液肥，再用大量清水稀释，就可用来灌溉花卉了，尤其是对昙花、蟹爪兰、仙人掌、仙人球等花卉，效果很好。

◎中药渣：中药煎煮后的残渣，也是一种很好的养花肥料。因为中药大多是植物的根、茎、叶等物质组成的，花草生长发育所需的氮、磷、钾等多种营养素，中药渣中几乎都含有。用中药渣当肥料，还可改善土壤的通透性。如果想将中药制成肥料，首先应将中药渣放在一个大一点的容器中，拌入些新鲜的壤土，再加一些水，将容器密封一段时间（十天半个月），待药渣全部腐烂了，就可取出来当做肥料使用了。经过中药渣滋润的花卉，将来长势极快，且枝繁叶茂，具有很强的抗病毒能力，而且花朵开得很鲜艳，香味也会更加浓郁。

如果不想用发酵的方式制造肥料，也可将中药渣晒干后碾成粉末，再施入土壤中。通常来说，中药渣多是当底肥使用，花卉栽好后再覆上一层泥土，以后如果想要再添加中药渣，最好也覆上一层泥土。不过中药渣也不宜放得过多，频繁放入中药渣，会干扰花卉吸收原土质中的营养，从而影响花卉健康生长。

◎淘米水和烂西红柿：将淘米水和烂西红柿放在一个密封的瓶子中，不用再额外加水，只要将其盖严，置于不透风的环境中10天左右，待其发酵后可直接用来浇灌花卉。

自制养花饼肥 >>

通常，我们将花生、瓜子、芝麻、大豆榨油后所剩的残渣，制作而成的肥料叫做"饼肥"，饼肥也要经过发酵。那些不能食用的豆子、花生、瓜子残渣，都是很好的氮肥原料，而氮肥是植物生长开花必需的营养素，使用饼肥有让花卉增亮叶片颜色、提高开花数量的作用。

◎制作过程：先将大豆之类的残渣放在一个大点的缸里，然后加入人畜粪便，再加入10倍量的水搅拌均匀后加盖密封。当然，如果只是小面积种花，也可省略掉加入人畜粪便的环节，一样也有增加土壤营养的作用。在夏天，半个月左右的时间就能让残渣发酵完全，其他季节则可相应延长5~10天的时间。使用时，再用大量的水将其稀释

暖心小贴士

制作饼肥时，除了将其做成液体肥料，还可将其做成颗粒状肥料，作为基肥使用。方法很简单，将酱渣、豆饼和园土按1:1:5的比例混合，放在黑色的塑料袋中封好，使其堆积腐熟。腐熟后，用小木棍将其搅拌均匀，直接施在现有花盆的土壤中，或是结合花卉换盆时做基肥使用。但这种肥料也不宜过量使用，20厘米高的花盆使用15~20克即可。

（至少稀释20倍），仔细搅匀后，就可用来浇花了。

◎注意事项：饼肥在其制作和使用过程中，需注意以下3点：①饼肥必须是在充分腐熟的情况下才可使用，如果不确定其腐熟的时间，可尽量延长原材料在密封罐内的发酵时间；②经过浸泡和发酵后的原液，必须按照一定比例加水稀释以降低浓度，之后才能用来浇花，否则饼肥营养太过充足，容易导致花卉烧根，浇花时宜采用少量多次的方法实施；③饼肥肥效迅速且强劲，不适合用来喷洒在花卉的枝叶花果上，如果不小心喷在枝叶上，应及时用清水冲净，以免造成叶片凋零。

可直接当肥料的废弃物 >>>

◎过期的啤酒：啤酒也是养花的好材料，且它不需要经过任何加工，可直接拿来当肥料使用。啤酒的主要成分是发酵的麦芽和啤酒花，含有糖分、蛋白质、氨基酸、二氧化碳和磷酸盐等营养物质，对花卉生长非常有利。用啤酒和水，以1：10的比例混合，喷洒叶片，可让叶片颜色更加光鲜、翠绿；用啤酒和水，以1：50的比例混合，浇到花卉根部，可让花卉生长旺盛，叶绿花艳。

啤酒酸性太重，不可久用。

◎变质的葡萄糖粉：变质的葡萄糖通常会结成块，丢掉未免可惜，这时不妨取出少许块状葡萄糖，用木棒捣碎，然后和清水以1：100的比例混合，用来浇灌花卉，能让叶片有点泛黄的花卉变绿，且长势旺盛。这种肥料对小型的观叶植物，如吊兰、万年青等都很有效。

◎小苏打溶液：在花卉含苞待放之际，取黄豆粒大小的一点苏打粉，加入一矿泉水瓶的清水，混合均匀后，用喷壶装好直接喷于花苞和叶片上，可让花开得更加繁盛。注意，小苏打浓度不能过高，否则会适得其反。

常常看见许多养花的人将鸡蛋壳、西瓜皮、剩汤等家庭废弃物，直接倒扣在盆土上，希望能增加土壤的肥力。这种方法很不卫生，且极不科学，它们通常会引来细菌、虫等有害物，进而危及花卉的健康。但如果能事先将这些废弃物稍加处理，放在密封的环境中充分发酵，或是和园土混合堆腐后再使用，它们真的可以成为效果一流的有机肥。

6. 叶面施肥，给花儿更多营养

很多人以为肥料只会通过花卉的根部被吸收，其实不然。对花卉来说，需要吸收营养的不仅是根部，也包括叶面部分。所以，千万不要忽略花卉叶面施肥的方式，也就是花卉"根外施肥"。花卉根外施肥，是将化学肥料、微量元素或激素等用水稀释后，喷洒到花卉叶面，经过叶面气孔被花卉吸收利用的一种施肥方法。

叶面施肥好处多 >>>

对花卉进行叶面施肥，有很多优势特征。总体来说，叶面施肥具有用量少、肥效显著等特点，且施肥后能快速显现效果，不会引起土壤板结，其营养成分也不受根部影响。一般来说，以下花卉最适合进行叶面施肥：

◎菊花、紫罗兰、月季等观花类花卉：如果经常给它们根外施肥，花卉就会叶片浓绿、花朵硕大而芳香，并且能提前开花。

◎马蹄莲、百合等球根类花卉：经常根外施肥，其叶片内叶绿素含量就会增加，叶片光合作用增强，制造出的营养物质增加，使得植株生长势头强盛，增强抗病能力。

◎一串红、鸡冠花、金鱼草等一二年生草花：经常根外施肥，花卉的叶色会更加纯正、生长健壮，如果能在这些花卉开花前再施肥一次，其花朵就会繁盛且颜色娇艳。

◎杜鹃、栀子等花卉：嫩枝扦插后，如果能进行根外施肥，可促进根系的形成，提高扦插的成活率。

花卉叶面施肥要点 >>>

◎喷洒部位：叶片施肥应注意叶片的生长部位，最好能选择花卉枝条中间部分的叶片，这部分叶片通常长势较好，且正处于生长旺盛期。枝条上前端和末端的叶片，要么太老要么太嫩，其光合作用和吸收传导功能都比生长旺盛期的叶片弱，而枝条中部的叶片新陈代谢旺盛，对肥料的吸附能力强，能更好地吸收肥料中的营养。

◎喷洒时间：和花卉根部施肥一样，不同的季节，应选择不同的时间进行根外施肥。通常来说，当气温在18~25℃时进行根外施肥效果最好，这个温度有助于叶片吸收养分。在高温的夏天，最好将根外施肥的时间控制在傍晚，那个时间段温度较白天稍低，肥料中的水分不会很快被蒸发，有助于水分子携带养分进入植物叶片内。但花卉正在开花时，切忌根外施肥，以免叶片营养过剩，导致花朵提前凋谢。

◎添加黏着剂：如果感觉肥料好像很难被叶片吸收，刚喷到叶片上的液

肥，过不多久就会全部滑落到地面上。这时，不妨在液肥中添加0.2%的中性洗衣粉，或混合杀虫剂、杀菌剂一起喷洒，既可增加溶液在叶片上的附着力，又可帮助花卉杀菌消毒，一举两得。但需要注意的是，杀虫剂或杀菌剂和液肥一起使用时，一定要注意二者的成分，避免两种溶液混合到一起发生化学反应，导致肥效和药效遭到破坏。

7. 适时适量，花卉施肥有讲究

我们知道了花肥的不同种类，但别急着给花卉"补充营养"。在给花卉施肥的过程中，还要注意不同花卉种类，对肥料的需求也不一样。其中桂花、茶花一定不能施用人粪尿；一些南方的花卉，比如杜鹃、茶花、栀子等，一定不

能施用碱性的肥料；
有些每年重剪的花
卉，在施肥过程中最
好多加磷肥、钾肥，
以促进枝条的萌发；
对于根茎类植物，应
多施钾肥，以让球根
充实；有些主要观赏
绿叶的花卉，可以主
要施用氮肥；而大丽
花、菊花等花卉，在
开花的期间需要施适

量的完全肥料，才能使所有花都开放；如果是芳香类花卉，在花卉即将进入开
花期时，多施些磷肥、钾肥，可让香气更持久。

　　每一种花卉对于肥料都有不同的要求，而即使是同一种花卉，也可能因为
时间的推移，在不同阶段需要不同的肥料。在购买花卉与肥料时，都应该向商
家进行咨询，而不要擅自做主，更不要以为施肥越多越好。其实，施肥还应遵
守适时施肥、适量施肥的原则。

适时施肥 >>>

　　所谓适时，是指在花草呈现叶
黄体瘦、花小易谢等情况时，可加大
施肥剂量；若花草根壮苗肥、花硕芽
长，就应少施肥或不施肥。施肥前记
得松土，施肥后要浇水，这样肥水渗
透快，植物容易吸收。此外，花卉上
盆1个月内不要施肥，因为培养土里
已经添加了少量基肥。可在上盆半个

暖心小贴士

　　在夏季的炎炎中午，温度过
高时施肥易烧伤花根；在花卉移
栽、换盆时施肥，易刺激受到碰
撞伤害的根系，引起根部腐烂；
在花朵盛开时施肥，花朵会因营
养过剩而过早凋谢；在花卉休眠
期施肥，会破坏它的生长规律，
严重的还会导致其死亡。

月后的早晨或黄昏，选用液态化肥喷雾喷洒叶片；上盆1个月后再对其根部施固体肥。周而复始，花卉自然会长得肥硕壮美。

适量施肥 >>

若给花卉的营养不足，花卉就会长相不佳；但若施肥过多，又会导致烧根，害死花卉。如果你是初次学养花，可遵照"薄肥勤施"的原则，并谨记千万不要"浓肥过量施、坐肥烧根须、偏施单一肥、生肥未腐熟"，这些堪称"养花大忌"。

暖心小贴士

除少数如茉莉之类喜爱浓肥的花以外，大多数花卉都喜欢薄肥。对待喜爱浓肥的花卉，可经常给其叶面追施液态肥，靠这种方式可缓解根部压力。而"薄肥勤施"中的"薄肥"，就是将浓肥用水稀释后再用，施肥时间夏天可每周1次，冬季可半个月1次。

施肥七大禁忌 》》

◎新栽的植株不要施肥。新栽的植株，一般还有许多伤口，这时对于外界刺激是非常敏感的。如果此时进行施肥，会让伤口受到刺激，无法愈合，甚至出现烂根的现象。

◎开花期间不要施肥。开花期间如果进行施肥，很可能导致落蕾、落花、落果。

◎休眠期间不要施肥。很多花卉都有休眠期，在这个期间，花卉生长非常缓慢，新陈代谢很慢，有时甚至停止生长。如果这时进行施肥，会打破花卉的休眠状态，让植株强行生长，消耗花卉的养料，来年开花也会受到影响。

◎根莞下不要施肥。一般来说，应该在离根不远的地方施肥，但不要直接将花肥施在根莞下，否则反而会不利于营养的吸收利用。

◎不要施过浓的肥。浓度太大的花肥，很可能会导致花卉枯死。所以施肥要遵循"薄肥勤施"的原则，保持"三分肥七分水"的状态最佳。

◎不要单施氮肥。氮对于花卉来说是非常有益的营养素，但如果单施氮肥，很容易造成枝叶延长

生长期，影响开花的时间，甚至不开花，或者让花朵颜色过淡。一般来说，最好将氮、磷、钾等营养素配合使用，以免发生营养缺乏症。

◎生病的植株不要施肥。花卉也和人一样，在生病的时候，不要盲目"乱补"。生病期间，花卉的光合作用比较差，新陈代谢迟缓，吸收能力不强，如果随意进行施肥，反而可能对其造成伤害。

第三章

花卉
管理进阶

上盆浇水、修剪施肥，这只是养花的"基本功"。打好基本功，接下来就该向着"养花高手"的目标迈进了。养花不是一朝一夕的事，它是一个长期的过程，需要你耐心与花卉相处，进行呵护与照顾，不仅要应对四季的交替、气候的变化，还得帮助花卉正常繁殖，并应对各种病虫害的侵袭。

1. 花卉春季管理技巧

冬天穿棉袄，夏天穿短裙，聪明的人类懂得随时添衣减衫，来迎合四季变化。但是，那些没有"自主权"的花卉，就需要你无微不至的关心，随时应对四季交替带来的气候变化，它们才能够四季无忧地生长。俗话说："一年之计在于春。"因此，花卉春天的养护极其重要，它可能会决定花卉一年的繁盛状况。

春季养花管理要点 >>>

春天是万物复苏的季节，大多数花卉经过一个冬天的休眠期，会在春天开始旺盛生长，此时花卉蒸发量大，耗氧多，因此对于水肥的需求量比较大。盆土中一旦出现干裂状况时，一定要注意及时浇水，每周或半个月施肥一次，并且在每次浇水和施肥前，最好能松松土。

经过了一个冬天的"懒散"管理，在春天到来的时候，就要及时修剪枯枝败叶，并记得为一

些藤本花卉添加支柱和绑扎，使枝叶分布均匀，通风透光，这样才能让藤本花卉有"型"。而一些常绿花卉在春天发叶前换盆最易成活，因此可选个阴天进行换盆或上盆的工作。

此外，春天是花卉繁殖的大好时节，尤其是那些夏秋开花的花卉，在春季要及时播种，对球根花卉要及时栽种，多年生花卉应进行扦插。

春季养花重点：移位 >>>

春暖花开的季节，正是气温出现变化的契机。在冬季，许多花卉不耐严寒，需要在温暖的室内越冬。而到了春季，就要将它们移出室外。但是，千万不要冒失地进行这项工作，对花儿来说，气温的陡然变化会对它们造成极大的刺激，尤其在早春时节，盆花很容易受倒春寒影响而被冻死。所以，如何安全地在春天将花卉移出室外，是春季养花的重点。

暖心小贴士

将室内花卉移到室外时，应先将花卉锻炼15天，即上午搬出去，下午再搬进屋，让花卉适应外界环境后，再将其完全放在屋外培养。

春季将花卉移出室外，应该遵循"缓出室"的原则。一般室内越冬花卉的出室时间，最好选在清明到立夏之间，至于具体到哪一天，需要根据花卉自身的特性、当地的气候来定。如梅花、月季、迎春花等，应在月平均气温为15℃的情况下才适合出室；而米兰、茉莉等，应在月平均气温达到18℃时才适合出室。

春天最佳肥料：鸡粪 >>>

有养花经验的人，应该都知道禽粪是重要的优质肥源，而鸡粪更是优质肥源中的精品。鸡粪的养分较之其他家禽粪便更容易分解，而且鸡粪中含水量很高，矿物质丰富，成本也较低，非常适合用来做花肥，能让花卉健康成长、花开灿烂。

尤其是在气候回暖的春天，施用鸡粪肥效果更是明显。将鸡粪肥作为基肥施用，肥效比普通肥料要长，可保持一年仍肥力不减，因此只要春天使用了鸡粪肥，一年之内就能"一劳永逸"，不需再过多地追施其他肥料。鸡粪肥中的诸多营养成分，还能起到改良土壤的作用，有利于植株生长。

如果将鸡粪肥作为追肥施用，可将鸡粪入缸，加水覆盖表面，缸口用塑料袋或盖子封严，让其彻底发酵成熟，3个月后取出即可施用。不过因为是追肥，最好加入一定量的清水稀释。作为追肥施用时，肥效多半只能保持2个月左右。

暖心小贴士

鸡粪肥属于热性有机肥，效果好，但要注意不能过量，因此应谨遵"薄肥勤施"的原则。

此外，将鸡粪用作基肥时，为了防止肥害，也为避免因施用有机肥引起虫害，无论是地栽还是盆栽，都应让花卉根部和鸡粪肥保持5厘米以上的距离，以将伤害降至最低。

2. 花卉夏季护理重点

在炎热的夏季，许多花卉迎来了充足的光照，但也面临着新的潜在危机。对于光照，不同的花卉会表现出不同的反应和生理需要，比如有些花卉在高温时节花会越开越漂亮，如太阳花，而有些花卉会在夏天休眠。那么，在夏季强光酷热的环境下，如何让花卉顺利地度过这一阶段呢？不妨从以下几个方面来加强管理。

蔽日遮阴，增湿除燥 >>>

在持续高温的盛夏，对一些喜欢阴凉环境或喜欢短日照的花卉，如兰花、杜鹃、君子兰、四季海棠、昙花、蟹爪兰，都应该及时将其置于阴凉的通风处，或者干脆移入室内，以防止高温酷暑导致花卉缺水，出现萎蔫的情况。另外，还要经常向盆花周围及地面喷水，给盆花创造一个凉爽、湿润的环境，有利于它们安然度夏。

光照适宜，通风透气 >>>

大部分花卉生长、开花都需要充足的阳光，但充足的阳光不等于夏日里需要强烈的阳光暴晒，那样往往会将花卉灼伤。比如君子兰、棕竹、吊兰、花叶芋、山茶花、文竹等，在受到阳光暴晒后，原本翠绿的叶片会变得焦枯干黄，叶面会呈现出火烧般的褐红色斑点，严重时叶片甚至直接萎缩枯死。但这些花卉在柔和的散射光照耀下，会比在阴凉的地方生长得繁茂，所以没必要将它们全部移入室内，只要在阳光强烈时，如中午时分，注意为盆花遮阴即可。遮阴的材料以竹帘最好，一方面可遮去大部分强光，减少热辐射，另一方面又可透过些许散射光，有利于植株生长。

浇水抗旱，洒水降温 >>>

夏天气温高，水分蒸发快，可在每天早晚各浇1次水。切忌在中午阳光下浇水，这样水分很容易蒸发掉，浇水时可将花卉移到通风庇荫的场所，半小时后待水分基本吸收，再移到散射光充足之处。当天气异常炎热、干燥时，室外花卉还应用水喷洒其周围，增加空气的湿度。浇花用的水，最好能放在太阳下晾晒增温后再用，以免这些水和盆土内部产生温差，影响植株吸收水分。

薄肥少施，休眠不施 >>>

夏季给花卉施肥，不能像春天那样猛烈，一般采取追加喷洒液肥的方式施肥。施肥时可最大限度地将肥料稀释，并根据花卉的不同欣赏部位，施加不同的花肥，如观叶植物就施加以含氮为主的肥料,如饼肥、尿素等；观花、观果植物就施加含磷、钾为主的液肥，如中药渣、过磷酸钙等，一般每半个月1次。但在夏季处于休眠状态或者半休眠状态的花卉，如倒挂金钟、马蹄莲、天竺葵、仙客来、茶花、杜鹃、牡丹、腊梅、君子兰等，都可以不用施肥，以免引起花枝徒长，浪费养料，甚至会引起球根腐烂。

看准时机，适当修剪 ≫

经过春天的萌芽和生长，到了夏天的时候，花卉枝头上难免会出现枯老病枝叶，或者是过密的枝叶。为了保持植株形态的优美和花果的艳丽，可以在夏季的初期，对花卉进行修剪，剪掉那些过密枝条、徒长枝条，并进行摘心、剥芽等工作。另外，一品红、碧桃、三角梅等花卉，入夏初期正是进行盘枝造型的好时机，千万不要错过。

3. 花卉秋季护理重点

进入秋天，气温开始慢慢下降了，日照也比夏天少得多，花卉对光照、水分、肥料的需求也随之发生了变化。在秋高气爽的季节里，有些花卉会开花结果，而有些花卉却开始逐步落叶，因此，秋天也要根据不同的花卉，采取不同的护理对策。

及时移位，适当光照 ≫

由于秋天强烈的光照逐渐减少，为了躲避夏日高温和暴晒而移入室内的花卉，如扶桑、四季海棠、昙花等，在进入秋天后，应将它们移到早晚有阳光的地方。另外，像春节前后开花的杜鹃、君子兰、仙客来、一品红、蟹爪兰等盆花，也应放在阳光充足的地方，否则会导致花期推迟。不过要注意避免秋老虎时节的暴晒，所以中午时分还是要为花卉遮阴。

不干不浇、浇则浇透 >>>

秋天温度虽没夏天那么高，但空气会变得相当干燥，花卉对水分的需求量仍然很大。浇水时宜采用"不干不浇、浇则浇透"的原则，浇水时间定在每天的上午10点以前，下午3点以后。秋天比夏天更为干燥，所以更要勤快地辅以花卉叶面或周围空气中喷水，以增加空气湿度。切忌给花卉根部灌大水，因为秋冬季节的盆土应以湿润偏干为主，以利花卉越冬。

施肥为重，积蓄营养 >>>

随着秋天的到来，许多在夏天处于休眠或半休眠状态的花卉，都开始恢复了生长势头，比如菊花、白玉兰、蟹爪兰等，都会在秋天孕蕾，而月季、君子兰等花卉则会在秋天长枝叶。所以，施肥绝对是秋天护理花卉的重点。

秋季给花卉施肥，可以每隔10天施1次含氮、磷、钾的薄肥。另外，入秋后，花卉为迎接冬天的到来，需要在体内蓄积许多营养，以提高御寒能力，如吊兰、龟背竹等观叶植物，这时可15~20天对其施1次肥。但过了寒露时节之后，就不宜再追施肥了，以免引起花枝徒长。

修剪整形，减少消耗 >>>

除早春开花的花卉外，大部分花卉如茉莉、紫薇、石榴等，都应在秋季进行修剪整形工作，剪去花卉的枯枝、残叶，以利观赏，也可使植株在冬季减少养料消耗，为花卉越冬打下良好的基础。

提前防寒，迎接冬季 >>>

到了晚秋季节，天气逐渐转凉，为防花卉遭受秋冬季节霜冻的危害，可提前将部分花卉转入室内，如茉莉、米兰、柑橘、文竹、仙人掌等。之后，桂花、石榴、月季等，应在霜降前移入室内。大丽花、菊花不怕寒冷，越是晚秋花开得越是灿烂，可以迟些移入室内，但这些花卉也怕霜冻，所以在寒霜来临的前一刻，将其移到室内即可，以便其继续开花。通常来说，在日平均气温下降5℃左右时，就可把盆花移入室内。

暖心小贴士

任何花卉移入室内,都需要一个过渡期,不能将其移到室内就不管不问,或是像在室外一样,大量地浇水和施肥,那样会使得花叶脱落、花根腐烂,以致死亡。在花卉搬进屋的初期,可每天中午再将其搬出去晒晒太阳,7~10天后,再定置于室内,并减少花卉浇水和施肥的数量。

4. 室内花卉越冬管理技巧

冬季来临,随着天气的不断转冷和日照时间的不断减少,花卉的生理活动也从原本旺盛的状态,转入平缓的生长期或休眠期。在这个寒冷的季节里,花卉很容易出现冻伤等情况,如何让家里的花花草草顺利越冬呢?先别心急,和其他季节不一样,在冬季,有些花卉需要搬进室内,而有些花卉需要待在室外,两种花卉的越冬管理技巧并不一样。对于那些需要搬进室内的花卉,在养护上需要注意水、肥、光照这些事项。

光照要因花制宜 >>>

冬天将花卉移入室内过冬时,应对其在房间内的位置进行规划。一般来说,春冬开花的花卉、秋播的花卉,都应放在房间内光照充足的地方,如石榴、圣诞花、橡皮树都喜爱中短日照的阳光直射,因此可将其放在光线较好的过道里;凤仙花、蟹爪兰、月季在冬季要尽量延长光照时间,可将其放在光线最好的玻璃窗后。而对于耐低温、耐阴的

花卉，可放在没有阳光直射的角落里，或悬挂在屋里的至高处。

需要提醒的是，虽然冬天有些花卉需要光照和保温，但决不能将花卉放在离空调或取暖器很近的地方，否则很容易导致枝叶烧焦。

浇水要控制水量 >>>

在冬季，很多花卉都进入了休眠期或半休眠期，蒸发量比夏天时少得多，可以不必经常浇水，只在发现盆土内2厘米以下的部位干成粉末状时，再进行适量浇水。在浇水时要注意控制水温，不要选用和土温、室温相差太大的水，如果觉得水温实在无法精确控制，可以用少量的温开水浇花，但一定要谨记不能过量。

当然，为了防止浇水过量，冬天可以喷水为主，浇水为辅，保持盆土干湿得当即可。比如在冬天和早春开花的梅花、山茶花等，尽量少对其根部浇水，而应该多采用喷水的方式，这样更有利于花苞的形成，从而促进来年花朵的盛开。

施肥要分类进行 >>>

冬天花卉施肥很重要。但并不是所有的花卉都要施肥，对于处在休眠期或是半休眠期的花卉，就需要停止施肥。如白兰、米兰、石榴、紫薇、茉莉等以观花赏果为主的花卉，要持续地追施稀薄的磷钾肥；如郁金香、马蹄莲等球根花卉，可施0.2%磷酸二氢钾和0.1%尿素的混合液；而像铁树、散尾葵等观叶植物，就需要停止施氮肥，但可适当追施一些低浓度的钾肥，以增加花卉的抗寒能力。

修剪要抓紧时机 >>>

冬天是修剪花卉的好时机，因为许多花卉都会在这个季节里休眠。不过，为防止修剪后的枝条被冻伤，可选在冬末到春初的时间段里修剪枝条，那时的天气逐渐转暖，而且花卉尚未萌芽，花卉被冻伤的概率低，不会影响其正常生长。

防病要未雨绸缪 >>>

冬天仍是病虫害比较严重的季节，花卉易遭受红蜘蛛、蚜虫、白粉虱等虫害。不要以为这些害虫在冬天会被冻死，其实它们只是不习惯低温的环境，暂时减少了活动，到了来年春天，它们会以更加迅猛的势头繁殖，并破坏植株的生长。因此，在每年冬天的初期，要将栽种花卉的花盆进行一次彻底的清洗，一旦发现病枝、残枝、枯枝、烂叶等，不要犹豫，要立即剪掉，并用大火销毁。对发生病虫害的植株喷洒农药时，最好移至室外操作。

5. 室外花卉越冬管理技巧

严寒的冬季，很多花卉需要搬入室内过冬，但也有些耐寒的花卉，可以任其在室外自然越冬。不过，虽说耐寒花卉有一定的耐寒能力，但也不能忽视对这些花草的防寒保暖工作，尤其是在室外越冬的盆栽类，由于盆土有限，遭遇极度低温时，盆土就会被冻透，从而冻伤花卉根系。所以，对于那些南种北移，以及不耐寒的多年生花卉，就必须采取必要措施避免花卉发生冻害。

地栽花卉 >>>

梅花、腊梅、玉兰等花卉，在极度寒冷的季节里，可用稻草、麦穗、旧布、旧棉絮等保暖物，包扎花卉的茎干部分，这相当于给花卉穿上了一层厚厚的棉袄，就不用担心花卉的枝叶部分会被冻伤了。当然，也可以在这些花卉的枝干上涂白，这样不仅可防止冻

暖心小贴士

涂白剂可自己进行配制。方法是先准备一桶水、半桶生石灰、两勺食盐、两捧黏土、少许石硫合剂原液；然后将生石灰和食盐倒入水中溶解搅匀，静置数小时；最后倒入石硫合剂和黏土，搅拌均匀后即可使用。需要注意的是，用生石灰配制涂白剂，一定要等到生石灰化为膏状的熟石灰后再用。

害，还能预防病虫害进入植株体内。应注意鉴别涂白剂质量的好坏，以涂白剂刷到树干上，不向下流动为好。

有些种在庭院中比较高大、粗壮的植物，如丁香花、木槿等，可在其主干和粗壮的枝条上缠绕一些草绳，并在草绳外围自上而下、顺时针方向缠绕几层薄膜，也可以用塑料袋或保鲜膜，这样就可预防植株主干和大枝产生冻害了。

另外，室外越冬花卉在寒冷的冬天一般都处于休眠状态，不需要多施肥。但有些花卉会在冬天或第二年春天开花，如腊梅、梅花、碧桃等，如果在这些花卉的根部周围挖一条沟，然后施些有机肥，如家禽粪或腐叶堆肥土，并用土盖住沟壑。有机肥分解可释放热量，为花卉根部保暖，并且有机肥可增加土壤肥力，给即将孕蕾、开花的花卉增加营养。挖出的沟壑最好离根部0.5米左右，深50~100厘米，最后将肥土堆积在根部周围形成一个圆锥形小山丘，就能有效保护花卉根部了。

盆栽花卉 >>

波斯菊、瓜叶菊、三色堇、羽衣甘蓝、虞美人等，都是较耐寒的草本花卉，在遇到极度寒冷的天气时，可用塑料薄膜、杂草垫子等，覆盖花卉露在外面的枝干部分，等到天晴时再揭开，既可防冻又能让幼苗长得更矮壮，有助于塑形。

金银花、蔷薇等较耐寒的木本花卉，当将其放在室外越冬时，可将其连同花盆一起深埋在室外的地下，以免根系遭受冻害。也可用草木灰覆盖盆土表面，然后用塑料袋裹住花盆周围，这样不仅保湿效果好，对花卉也没有任何刺激。

而像美人蕉、大丽花等球根花卉，花卉的植株部分到了冬天就会自行枯萎，而根部可留在室外的地下越冬。为了更好地保护根部，可将堆肥土、腐叶、枯草等覆盖在根部的上方。需要提醒的是，当球根花卉露地越冬时，最好让其根茎深藏在土壤中，否则因土壤表层容易形成冻土层，从而冻坏球根，导致花卉第二年不能正常萌芽。

调控花期，让花卉想开就开

古诗里说："花开花落自有时，总赖东君主。"花开花落的时节，是大自然的规律决定的。许多养花人都为这点所恼，本希望花朵在某个特定的日子，比如喜庆的节日开放，或是希望花卉集中在同一时间开放以举办花展。但花卉总是想开就开，往往不是在节前已全部开完，就是在节后再娓娓盛开，并不受主人的操控。

其实，花开的时间虽然有一定的规律，但只要掌握了方法，采用一点小小的技巧，也可以让花卉听懂你的"命令"，在指定的时间内盛开。调控花期的方法主要有以下几种，不妨一试。

提高温度 >>>

花卉开花，取决于花卉内部花芽的分化，以及外部温度和光照等，一些春季开花的品种，如海棠、梅花、丁香花等，往往是在冬初花芽分化就已经完成，只是由于冬季气温较低，花卉被迫

处于休眠状态，一直要到来年气候温暖时才开花。但如果在寒冷季节将盆花移到阳光充足的窗台上，晚上再放在距离热源1米左右的地面上，或是用透明塑料薄膜罩扣在需要加温处理的花卉植株上，在盆土接触处留一条窄缝通风，晚上将罩子取下。经过如此简单处理，花卉就可能赶在圣诞节、元旦、春节开花了。

使用植物生长调节剂 >>>

使用植物生长调节剂能控制花卉开花期。比如使用赤霉素涂抹白玉兰、牡丹等花卉，白玉兰可提前1~2个月开花，牡丹可提前5~6个月开花；用稀释过的赤霉素喷洒一串红，4~5天后一串红就会长出新花序，实现再度开花的愿望。

不过，使用植物生长调节剂后，必须保证花卉生长所需的水肥充足，养护措施到位，还要注意适时、适当通风，否则花卉营养跟不上，就算使用了生长调节剂也于事无补。

改变光照条件 >>>

一些短日照的花卉，比如菊花、一品红、紫罗兰、仙客来等，都要在每天日照小于12小时的条件下生活一段时间后才能正常开花，所以可通过控制日照长短来提前或推后花期。想要提前花期，可在短日照花卉生长期间用黑布或黑塑料袋遮光处理，每天只给予花卉8~10小时日照，两三个月后，短日照花卉即可开花；想要推迟花期，则可在其生长期间，每天夜晚给予短日照花卉3小时的电灯照明，一旦停止强烈的长光照射，花卉就会现蕾开花，这样花卉就可按照主人的要求想开就开了。

低温冷藏处理 >>>

对于要休眠越冬的花卉来说，也可用延长其休眠期的方式推迟开花期。如芍药等，如果已经开始孕蕾，可将其冷藏保养，至少可延迟1~2个月开花。当然，低温处理也可强迫花卉多次开花，如牡丹、玉兰等，在夏天花芽分化后，可移到冷藏室，用低温保养护理，促使花卉提早进入休眠期，到了早秋初冬季节花卉苏醒后又可进行第二次开花。对于已结果的南天竹，如果用适量冰水浇洒，可使其果实提前变红，早日实现观果的愿望。

7. 花卉有性繁殖

为了给花卉延续后代、增加品种数量，养花人应该适当学点养花繁殖技术。花卉的品种很多，繁殖方式也比较复杂，但大体上说，也只有有性繁殖和无性繁殖两种。所谓有性繁殖，也称种子繁殖法，即用花卉开花结果后留下的种子繁殖新个体，常用于草本花卉繁殖。木本花卉因开花晚，且花种质量常得不到保障，因此多半用无性繁殖法。

有性繁殖的优点是种子易于携带和保存，繁殖简便，能在较小的盆栽面积上获得较多的植株，且成长后的植株根系完整，生长健壮，寿命也长。

但是，种子在其生长过程中，受自然杂交、异花授粉等影响，很容易变异，不能很好地保持父母的优良特性。因此有性繁殖在管理上，要求养花人格外细心，才能让"好花结好果，好果生好花"的繁殖方式继承下去。

收获种子 >>>

大自然的自然交配原则，很难让种子保持"纯正血统"。若想要获得优良的种子，首先要选择生长发育良好的母株，倍加呵护。大自然的植物授粉，主要靠昆虫、风力作用，而家养花卉受条件限制，大多只能采用人工授粉的方式。

◎掌握人工授粉的方法。人工授粉的方法很简单，即在花卉含苞待放时，先用白色的医药纱布罩住花蕾，以防自然授粉；在花卉盛开后，用棉签蘸取花上的雄蕊花粉，送到雌蕊的柱头上；最后给花卉罩上新消毒过的纱布，隔离管理，待种子成熟后即可适时采收。

◎把握采收种子的时间。采收种子的时间，要根据种子的成熟度来定。有些花卉的果实容易开裂，如凤仙花、三色堇等，所以果实一旦成熟就要及时采摘，以免花种散落；而有些花卉种子逐步成熟，应一边观察，一边注意采收，如当石竹的种子变成黑色，一串红的种子变成深褐色，君子兰的果实变成紫褐色时，就可放心收取。

◎采摘种子有选择。采摘种子时，最好选同一植株上最先开花，且最好是主干或主枝上所结的种子，这样的种子先天发育良好，对将来的繁殖非常有利。

采摘种子应在晴天的早晨进行，因为早上空气湿度大，果实不易破裂。采摘好的种子，应放在干净的纸袋或半密封的容器中，注明采收时间，放在阴凉、通风、干燥处存放即可。

种子播种方法 >>>

◎播种前做好准备。像四季海棠、凤仙花一类的普通花种，通常不需要任何处理，直接播种即可。而有些种子萌芽速度缓慢，需要做特别的处理才能正常生长，如外壳有蜡质的玉兰种子，要用草木灰加水调成糊状，拌入种子才能播种；像外壳比较坚硬的荷花、美人蕉种子，播种前需擦伤种皮，然后用温水浸泡24小时，使水分充分进入种子体内才能进行播种。

◎检验种子的存活率。因种子各自吸收的养分不同，发芽速度也不一致，为了便于家养花卉的管理，提高种子繁殖的成功率，不妨将种子在播种前进行发芽试验，检验种子的发芽率，以便确定播种量。检验种子好坏的方法有水浸催芽法和层积催芽法两种。水浸催芽法就是将种子放在装满水的容器中浸泡1~3天，待种子吸收膨胀后，捞出置于18~25℃的器皿中存放，然后每天用温水淘洗1~2次，并注意轻轻翻动，直到种子"破相"后即可播种。

水浸催芽法主要用来检验当年生根发芽的种子，而层积催芽法则用来检验像广玉兰、含笑、白玉兰等隔年才能发芽的花卉种子。层积催芽法是指用3份湿沙和1份种子混合后，放入0~7℃的环境下保存，直到种子发芽。

◎播种的最佳时间。花卉的播种季节，一般选在风和日丽的春天和天气凉爽的秋天，像一年生陆地花卉耐寒性弱，一般选在春天播种；而二年生陆地花卉耐寒能力强，多选在8~9月份播种。播种时应选口径较大、盘高较矮的浅盆，且在播种前应对土壤进行消毒处理，并将盆土整细压平，浇透水，让盆土保持良好的透气性和透水性，否则容易造成烂根。

◎播种方式的选择。播种的方式有两种：撒播和点播。将种子直接撒在土面上，然后用细土覆盖的方式就叫撒播，它常用来播种小粒种子或量多的种子；点播则适用于播种量少、颗粒大的种子，方法是将种子一颗一颗地种入，然后覆土盖好即可，要求覆土高度为种子直径2~3倍。

播种后如何提高存活率 》》

◎浇水量要适宜。播种后，无论是在庭院中露地栽培，还是在室内采用花盆栽培，都要掌握好浇水量，经常保持土壤湿润，不要使盆土过干或过湿而影响发芽率。播种的初期湿度宜稍大一些，如果是在天气炎热的季节，土壤干燥时还可用细孔喷壶每天早晨和傍晚各浇水一次。如果经常有阵雨，要注意经常检查露地种子上面有没有杂乱的覆盖物，淋了雨的花盆要及时倒出多余的水分。到了出苗季节，就要适当减少浇水量。

◎施肥浓度要小。出芽后，为了让幼苗苗壮成长，可在其长出2~3片真叶时，用腐熟液肥施1~2次，以促进幼苗生长。但注意这里使用的液肥，浓度一定要极小，可多加点清水将液肥稀释，以防肥力过大烧伤幼苗。

◎根部不要清洗。大多数种子出苗后半个月，就能长出4~5片叶子，这时就可将其移植到花盆中正式栽种了。移植时，无论是地栽还是盆栽，苗根都要带土，切忌将花苗原生长土剥得干干净净，甚至用清水冲洗根部。如果不是花卉根部感染病虫害，大部分情况下移栽时，都不能清洗根部泥土，这样可大大提高花苗的成活率。

另外，移栽花苗时，应采用"挖"的方式取出花苗，而不是直接用手"拔"出花苗，以免花苗根部受伤。同时尽量做到随时挖，随时栽，减少根部暴露在外受刺激的可能性。移栽后用喷壶往盆土中浇足水，之后只要保持盆土湿润即可，可适当减少浇水次数，防止因浇水过多出现烂根情况。

移栽好花卉的第一周，务必做好花卉的遮阴工作，因为此时的花苗根须少、植株弱，经不起阳光的强烈照射。

8. 花卉无性繁殖

所谓无性繁殖，又称为营养繁殖，它是利用花卉的根、茎、叶等营养器官，通过扦插、分株、压条、嫁接等方式，使其成为一棵新植株的繁殖方法。

扦插繁殖 >>>

扦插繁殖是家养盆栽中常用的一种无性繁殖方式，方法是剪取花卉的根、叶、枝等部位，插入培养土，使其末端再生根，从而长成一棵完整的植株。像月季、茉莉、木槿、扶桑、米兰、橡皮树、桂花、紫薇等花卉就经常采用枝插法，而秋海棠、虎皮兰、非洲紫罗兰等都采用叶插法。

枝插法在扦插繁殖中使用频率最高，根据其枝条形态不同，可分为嫩枝扦插和硬枝扦插。嫩枝扦插的时间多在夏秋季节，方法是剪取一条长5~10厘米的半成熟新枝，顶端留下2~4片叶子，顺势插在盆土下即可；而硬枝扦插多在植株休眠期、花木落叶后、顶端萌芽前进行，剪取一段长

20~30厘米的当年新生枝条，根部埋入湿润的沙土中过冬，第二年春天即可取出放入盆中扦插。枝插时应注意上下方向不可颠倒，为促进成活可用生根粉。

叶插花卉多数具有肥厚的叶片和叶柄，剪取叶片时，最好保留叶柄3厘米左右；若是没有叶柄的花卉，可用竹签将叶片固定在细沙或松土中。

根插法仅用于能从根部长出新梢的花卉，剪取根部时，应选粗壮的部分，一般靠近根颈处的根段扦插效果较好，只需剪5~10厘米的一段，全部埋入盆土中。

🖊 暖 心 小 贴 士

家养花卉扦插时，应注意保持盆土内透气、透水，每天喷水3~4次，早晚保持良好的通风环境，切忌让扦插花苗遭遇烈日暴晒，或大雨当头淋。

压条繁殖 >>>

压条繁殖就是将花卉母株上接近地面的枝条压入土中，或用泥土等物包裹起来，给予足够的生根条件，待其生根后剪离母体，成为另一棵植株。一般落叶类花卉在春季和秋季进行压条，常绿花卉则适合在梅雨季节压条，总之，只要在生长季节，而不是休眠期进行压条，成活概率都比较大。

压条分为曲枝压条和高枝压条，曲枝压条是取接近地面的枝条为材料，将压条部位划伤，或剥取部分皮，然后曲枝压入土中，覆土固定即可。适宜曲枝压条的花卉有迎春、茉

莉、凌霄等。

高枝压条选取不易弯曲的高大植株为材料，将压条部位划伤，然后用塑料薄膜围在伤口下方并扎紧，形成袋装，在袋内装入培养土、青苔和草炭灰，每周向袋内注入一次清水，一旦生根，就可剪离母体，移入它处盆栽。适宜高枝压条的花卉有米兰、白兰花、含笑等。

嫁接繁殖 >>>

嫁接就是将一株植物的枝或芽，接到另一株有根的植物上。它一般用于不易结种，或结种后种子易发生变异，而扦插、压条又很难生根的花卉。用来嫁接的枝条叫接穗，被嫁接的植株叫砧木，嫁接成功后的小苗叫嫁接苗。

无论是接穗还是砧木，都要求品种优良、长势良好、无病虫害，只有这样，将来的嫁接苗才有明显的优越性，才能让"小花变大，苦花变甜，臭花变香"。

嫁接在植物休眠期和生长期都可进行，休眠期嫁接一般选在春季萌芽前2~3周，也就是2月中下旬至3月上中旬，因为此时砧木的根及皮质层都已开始活动，可供给接穗足够的水分和养料，此时嫁接成活率将大大提高。

生长期嫁接多在树液流动的盛夏进行，一般指7月上旬至9月上旬，因为这时候的枝条、腋芽发育充实而饱满，而砧木皮质层又容易剥离，对嫁接工作非常有利。

分株繁殖 >>>

分株繁殖是花卉常用的繁殖方法，一般于春秋季结合翻盆换土时进行，春季开花的在秋季进行分株，秋季开花的在春季进行分株。分株繁殖多用在丛生性强的宿根花卉、常绿草本花卉，以及球根类花卉和灌木中，例如兰花、大丽花、吊兰、棕竹、石榴等。其繁殖特点是成活率高，成苗快，大部分花卉都能在分株后当年开花。分株繁殖可根据不同物种分为根茎分株法、走茎分株法和吸芽分株法。

根茎分株法

根茎分株法常在花卉开花结果，且花朵凋谢后进行，常用在埋于地下水平横卧、根茎较粗大的花卉，如美人蕉、各种竹类等。根茎分株方法很简单，只要选个晴好天气，将花卉全株挖起，轻轻弹掉上面的土团，使根系裸露出来，然后在母株周围的茎芽中，选取生长最健壮的茎芽，按照自然长势，用手或利刀从植株的根茎空隙处切断。注意，这里切开的植株，应尽量避免单株，最好能以丛株的形态出现，即每个根茎上都带有3~4个芽苗，而且长度要在10厘米以上。

接着剪掉植株上的腐朽根，切口及时涂抹上草木灰或木炭粉，或用50%多菌灵稀释液浸泡根部，以防止切口处感染，提高花卉将来的存活率。稍稍处理后，分割好的植株放在阴凉处晾1~2小时，让切口处自然风干，然后用中型花盆做苗床，用褐色山泥和粗沙土混合作基质，将切口风干后的植株栽入苗床中。

栽种分株好的植株，应放在阴凉通风处，让花苗适应半个月左右，再逐步将花盆移到向阳处，进行散射光照射，促进花苗根部愈合、长出新根。如果可以的话，最好在养护期间用塑料袋将花卉连同花盆整个套住，并每隔2~3天打开透一次气，以保持花苗生长所需的湿度。

走茎分株法

走茎分株法又称匍匐茎分株法，像虎耳草、吊兰等地上的腋芽，在生长季节能萌发出一段细而密的匍匐于地面的变态茎，那些茎

就被称为"匍匐茎"或"走茎"。匍匐茎的结位上能够长出叶簇和芽，下部能与土壤接触长出不定根，因此可将其分割，形成走茎分株法。走茎分株法常在夏末秋初时进行，不用费心地将它们挖出来分割，直接将匍匐茎剪断，就可得到独立的幼苗。使用这种分株方法存活率高，不久后地面上就会长出新的植株了。

吸芽分株法

有些植株的地上茎叶的腋间，也能抽生吸芽，并在基部产生不定根，如果将这些吸芽与母株分开，就可培养出和母株完全一致的幼苗。苏铁就常用吸芽分株法繁殖，但这种方法所需周期长，一般需要10~20年才能从老干基部长出子株，再经过1~3年才能从母株上将子株分割下来，整个过程耗时太久，所以这种方法不适合寿命不长的花卉使用。

第四章

让花卉
远离病虫害

四种方法，为土壤消毒

很多养花人都经历过这样的情况：将植物栽培入土之后，用科学的方法精心地进行了护理，但植物仍然出现了一些病虫害。这时就要注意，病虫害很可能是由土壤带来的。

我们都知道，大多数植物的健康成长都离不开土壤，土壤是植物最基本的居所。但是，土壤也是病虫害进行传播的主要媒介。很多病菌和害虫，都会在土壤里生存，如果用这些不健康的土壤来培育植物，当然会给植物带来病虫害。在种植之前，一定要对土壤进行彻底消毒。

日光消毒

在培养土配制好之后，将其放在清洁的台面上，也可以放在混凝土地面、木板或者铁皮上，但注意一定要保持清洁。将土平摊开来，摊成薄薄的一层，放在阳光下暴晒3~15天，可以将土壤中的病菌孢子、菌丝和虫卵、害虫杀死。这种消毒方法比较方便，但缺点是消毒可能并不彻底。

蒸汽消毒

把营养土放入蒸笼或高压锅，用60~100℃的温度加热，持续蒸30~60分钟后取出，可将土壤中大部分的细菌、真菌和昆虫杀灭，还能使大部分杂草种子丧失活力。注意控制消毒时间，不宜太短或太长，否则消毒不彻底，或将土壤中的有益微生物也一并杀死，从而影响土壤的肥效。

水煮消毒

把培养土倒在锅里，加入适量清水，烧开后继续煮30~60分钟，然后从锅中取出，滤干水分，晾干到适中湿度即可。

药剂处理

对付病虫害，最为有效的还是药剂。如果家中备有植物药剂，比如代森锌、多菌灵、硫黄粉等，都可用来对土壤进行熏蒸消毒。首先将土壤过筛，铺好一层之后，将调配好的化学药剂喷洒上去，再加一层土壤，然后再喷洒一次。最后用塑料薄膜将土壤覆盖，密封5~7天，然后敞开换气3~5天，就可以使用了。

 # 轻松对付盆土板结

家养盆花的条件有限，因此总会出现这样或那样的不良事件，盆土板结是最为常见的问题。而盆土一旦板结，就会影响花卉根系生长，降低其生长速度。那么，盆土板结究竟原因何在、如何改良呢？

盆土板结的原因 >>>

盆土板结的原因，最常见的就是浇花水的选择不当。在进行浇花的时候，所使用的水源如果含有较多的钙镁离子，水的硬度较大，就会对土壤造成不利影响。这些不溶于水的化合物在盆土中聚集，就会使得盆土发硬、板结。

土壤中如果缺乏有机质，也可能造成盆土板结。很多人经常使用没有发酵的化肥，植物无法吸收，从而导致盆土板结。

如果盆花和花盆不搭配，也可能成为盆土板结的原因。植株和花盆大小比例不协调，植株大而花盆小，盆土中营养不能满足花卉生长需要；植株小而花盆大，又会导致盆土中营养过剩。营养不足和营养过剩都会导致盆土板结。

解决盆土板结的方法 >>>

办法一：勤松土

为了防止盆土板结，除了要改正以上导致盆土板结的原因外，在平时养花护理上，还应经常给盆花松土。如果盆花板结已经很严重、松土也难以改善，不要犹豫，应立即给花卉换盆土。值得提醒的是，换盆土不仅仅要注意土壤，还要注意盆花的根部，有些花卉根部生长不良，或长得太过肥硕，要及时修剪、分株，给花卉制造一个重新伸展根系的机会，有利花卉根部生长，让植株更健康。

办法二：盆土表面施干肥

如果不想劳心费力地经常给花卉松土，也可采用在盆土表面施干肥的方法防止盆土板结。这样不仅可大大减轻养花人的劳动强度，而且不易伤害花卉根部，能起到很好的施肥效果。因为干肥施到盆土表面后，不多久就开始发酵，使盆土表层的土壤也变得疏松，浇水、施肥都会畅通无阻，而干肥自身发酵也

会产生肥水，这些肥水会随着浇入盆中的水下沉，更有利于花卉的根系吸收水肥，所以完全不用担心盆土板结而影响花卉生长。

干肥以饼肥、家禽粪肥为好，碾成粉末，将盆土表面松动后，第一天不浇水，第二天再将干肥粉末均匀地洒在盆土表面，并用喷壶向盆内喷水1次，让盆土和干肥粉快速融合，促进干肥快速发酵。之后每隔1.5~2个月时间施肥1次，以后盆土就会慢慢开始变松。施用干肥粉的量，以能略见盆土为度，不可太厚，以免因肥度过大而造成花卉根部损伤。

办法三：盆土表面添加覆盖物

在盆土表面种植苔藓类植物，或使用微生物肥料如金宝贝微生物菌肥等，都可改良盆土板结等情况。另外，在盆土中添加一些用清水洗净的粗沙和含有腐殖质的土壤，就能让盆土质地变得松软。但这种方法不能一劳永逸，且每次

都要伴随换盆工作进行，但能保持盆土长久不板结，减少换盆的频率，从某种程度上来说也减轻了换盆工作的压力。

办法四：常用酸性水浇盆花

板结后的盆土多呈碱性，而平时如果能用醋兑水，以1：50的比例，即用1千克醋、50千克水混合搅匀的食醋水浇花，则能有效改善盆土的碱性化，防止盆土板结。此外，在花卉生长期间经常用凉开水浇花，可起到淋洗盐碱的作用，从而达到改善盆土板结的目的。

3. 花卉入室，谨防叶片泛黄

俗话说得好："红花还需绿叶衬。"观赏植物不仅要有美丽的花朵，还需要有碧绿的叶片作衬托，才能呈现出盎然的生机，让人喜爱。而从植物健康角度来说，绿叶也是花卉进行光合作用不可缺少的要素，如果叶子生病了，花朵及植株的生长肯定也会受到不利影响。

不过对盆栽花卉来说，因为花盆里的土壤比较少，空间是有限的，植物的根系无法自由伸展，如果再管理不善，就很容易出现叶片"黄化"的现象，叶片发黄，不仅影响植株美观，也影响花卉健康。尤其在冬季将花盆搬入室内的时候，更容易出现这种情况。而要预防叶片黄化的疾病，此时就要注意以下几点。

浇水要适量

将花盆搬入室内之后，植物所处的环境发生了变化。因为室内的环境并不开阔，空气流通也比较小，花盆、花卉表面的水分不再像在室外时那样蒸腾，其蒸腾量大大降低，对

水分的需求也会降低。而如果继续大量浇水，盆土长期处于湿润过度的状态，让根部出现积水，土壤出现缺氧的情况，植物的根部就可能开始腐烂，无法正常呼吸和接受养分。所以，花卉搬入室内之后，浇水一定要适量。

施肥要控制

花卉在冬季搬入室内之后，由于气温、环境的变化，生长会渐渐趋于缓慢，对肥料的需求也会降低，所以此时要减少施肥量，必要时可以停止施肥，以免施肥过多造成叶片黄化。

光照要调整

不同的植物在搬进室内之后，对光照的要求也不同，但都要根据它们的需求进行改变。比如一品红、扶桑等花卉喜欢强光，如果放在阴暗的室内，就可能出现黄叶，所以最好放在光线强的地方，让它们充分接受光照。而有些植物却喜欢荫蔽，比如文竹、龟背竹等，如果光照太强，也会造成叶片泛黄，这时就要注意调整。

通风要注意

室内的空气流通不如室外，常常会出现空气混浊、流通不畅的状况，尤其是新装修居室的空气中含有苯等污染物成分，会导致花卉迅速地衰老。而且在过于封闭的环境里，污染物的含量还会逐渐增加，花卉很容易出现叶片发黄的状况。所以，一定要保持室内通风，早晨注意开窗透气。

温度要适当

一般来说，冬季将植物搬进室内，可以让植物免受室外的冻害。但是，并不是将植物搬进来就可高枕无忧了，还应该将室温调整到花卉感到舒适的程度。如果室内温度仍然过低，一些常绿花木也可能受到轻微的冻害，出现叶片发黄的现象。此外还要注意"过犹不及"，如果室温过高了，植物水分的蒸腾过多，水分供应不足了，叶片同样会发黄。

湿度要增加

冬季室内一般是比较干燥的，而很多花卉对于湿度都有较高的要求，比如兰花、龟背竹、白兰、茉莉、含笑等，一旦室内湿度太低，叶片就可能发黄、干枯，所以最好经常向植株喷水，而且水温要与室温接近，这样可以增加湿度。有些名贵的花卉，在冬季可以罩上塑料薄膜，并在罩内放上一小盆清水。

4. 巧妙治疗花卉营养缺乏症

如同人类会出现营养不良等情况一样，花卉也会出现营养缺乏现象，这种现象虽然算不上大的疾病，但却会影响植株的正常生长，因此哪怕是轻微的花卉营养缺乏症，也要认真对待，准确治疗，让花卉健康成长。

花卉营养缺乏症的表现 >>>

◎缺氮：植株生长矮小，有发育不良的倾向，茎枝脆弱，老叶均匀发黄、焦枯，新叶狭小且单薄，颜色淡绿。严重缺氮时，老叶会从黄色变成褐色，但并不脱落，新叶长出的速度极慢，不易发芽和开花，即使开花，花朵也会个小、颜色不艳。

◎缺磷：整个植株生长较缓慢，植株呈淡绿色，茎叶呈暗绿或紫红色，叶柄处变紫，老叶的叶脉间出现

黄色，叶片卷曲且极易脱落。花卉根系不发达，开花数量少，种子产量大幅度降低。

◎缺钾：老叶出现黄、棕、紫等色斑，且叶片由边缘处向中心逐步变黄，但叶脉仍旧是绿色。叶尖焦枯向下卷曲，叶缘向上或向下卷曲，直至枯萎后自行脱落，植株短小，即使开花，花朵也极小。

◎缺镁：老叶的叶片明显向上卷曲，叶脉间发生黄化，逐渐蔓延到新生叶片上，叶肉呈黄色，而叶脉仍为绿色，且叶脉间会出现清晰的网状脉纹，有多种色泽鲜艳的斑点或斑块。

◎缺钙：这种症状可从新叶处寻找突破口，叶尖、叶缘枯死，叶尖常常呈弯曲的钩状，并相互粘连，不易伸展。植株的生长受到抑制，严重缺钙时植株全部枯萎而死。

◎缺硼：在开花期间缺硼会出现开花数量少、落花落果等情况，平时缺硼，在新生组织上表现尤其明显，嫩叶失绿，叶片肥厚但叶缘处向上卷曲，根系不发达，导致植株茎秆部分硬而脆。

◎缺铁：最明显的症状是新叶叶肉变黄，但叶脉仍然为绿色，一般不会枯萎。但时间长了，叶子边缘处会逐渐枯萎，而叶片整体上会保持绿色。

花卉营养缺乏症的防治 >>>

◎按时换盆或施肥，让土壤达到理想的状态。基肥多采用熟豆饼肥、鸡粪等充分腐熟的有机肥，为盆土增加营养。

◎重新配置培养土。记录下每一次配置培养土的成分和用量，逐步调整和增加营养物的比例。不同花卉所需营养物的比例不同，应注意调整，为花卉提供充足的营养。

◎根外追肥。这种施肥方式有利于花卉对养分的直接吸收，因此在花卉生长期间可经常对花卉喷洒根外肥。如果花卉已经发生了营养缺乏症，可根据其严重程度配置所需的营养素，采用根外施肥的方法喷洒，对症下药。根外追肥属于应急性的施肥方法，必须与根部施肥相结合方能获得理想的效果。

◎经常对盆土进行深翻和晾晒。进行深翻和晾晒。这种操作可促进上下层盆土间养分的交流，使盆土营养物质更均衡，有利花卉根部吸收。

5. 除病杀虫，让花卉美丽又健康

家养花卉若经常遭遇病虫害，不但影响花卉自身的健康生长，还让花卉的主人倍感揪心：花儿就不能从外到内都美丽健康吗？由此可见，防治花卉病虫害多么重要，它甚至可以决定养花人的心情。中医认为，治未病比治已病更为重要，养花也同样如此。防治病虫害，当然也应以"防"为主，做好通风、透光、浇水、施肥等工作，增强花卉自身抵御病虫害的能力，花卉当然能茁壮成长了。

但是，无论对花卉如何精心呵护，总难免会出现各种病症，就像人类难免会生病一样，这就需要我们认清花卉疾病的种类。花卉疾病分为病害和虫害。

认清花卉病害的种类 >>>

叶部病害

叶部病害是家养花卉常见的一种病害，如叶斑病、黑斑病、炭疽病、灰霉病等，这些病都有个共同的特点，就是叶片上都会出现病斑，情况严重时甚至会导致叶片枯萎、自行脱落，大大影响其观赏性和植株的生长。

防治方法：叶片病害多半是由于虫害、盆内积水或土质过干及阳光暴晒造成的。因此，防治时应先清除枯萎或感染的枝、叶、花等，防止病菌滋生蔓延，然后立即换土，控制浇水量，并将其置于阴凉处。

根、茎病害

根、茎病害中，以腐烂病最为常见，其危害是直接导致花卉死亡。根、茎腐烂病的病因，除了病菌的入侵外，往往还和栽培管理不当有直接的关系，比如说盆土过于湿润，就会导致根部腐烂，高温灼伤或低温冻伤又会诱发茎部腐烂等。

防治方法：花盆过小、植物根须过多、施肥太过勤快等，都会引起烧根，所以首先应改善植物的"居住"环境，为其提供通风、透光、遮阴等条件，然后将小盆换大盆，调节肥水使用量，经常疏松土壤，以降低虫害和病害袭击的可能性。

花卉常见病害 >>>

叶斑病

叶斑病是植物的叶片疾病，在球根秋海棠类植物上普遍发生，此外，白兰、鱼尾葵、美人蕉、紫薇、贴梗海棠、桂花、杜鹃、凤仙花、天竺葵、鸡冠花等多种植物，也都容易患上这种病。叶斑病的症状是叶片上局部细胞坏死，从而表现出不同的斑点症状，常见的有角

斑、条斑、圆斑，呈灰、黑、褐等色，严重时叶片变黄、焦枯、脱落。

防治方法：改善花卉的环境，在花卉初发病时，要将出现症状的叶片摘下来烧毁，然后喷施1%波尔多液，每隔7天喷1次，全生长期共喷施4~5次。

白粉病

白粉病常为害花木的嫩芽、嫩叶和花蕾，玫瑰、月季、梅花等植物最容易患上这种病。白粉病的发病初期，受害部位会出现褪绿斑点，以后逐渐变成白色粉斑，犹如覆盖一层白粉；后期病斑变成灰色。受害植株生长不良，日渐矮

小、嫩梢弯曲，叶片凹凸不平，花少而小，或不能绽放、花形畸变。严重时叶片卷缩、干枯，甚至整株枯死。

防治方法：适当增施磷、钾肥，控制氮肥用量，停止对叶面的喷水。可喷洒0.1%~0.2%小苏打溶液防治。

炭疽病

主要为害叶片，也能侵染茎、嫩梢、花蕾和果实等部位，多为害兰花、君子兰、三色堇、仙客来、金鱼草、白兰、玉兰、八仙花等植物。大多数植株受害后，从叶头和叶边缘开始发病，叶面上出现近圆形斑点，病斑边缘多呈紫褐色或暗褐色，中央为淡褐色或灰白色，后期病斑上有黑色小点，常排列成轮纹状，发病严重时叶片枯死。

防治方法：加强通风透光，停止喷叶面水。

灰霉病

主要为害叶、茎、花和果实，易患病的植物有牡丹、仙客来、四季报春、翠菊、山茶花等。发病初期出现水渍状斑点，以后逐渐扩大，变成褐色或紫褐色病斑，天气潮湿时病斑上长出灰色霉层，发病严重时整株死亡。

防治方法：灰霉病的发病初期，可以用75%百菌清或80%代森锌可湿性粉剂500倍液防治。

白绢病

白绢病一般在月季、茉莉、君子兰、小石榴、兰花、菊花等花卉上发生，发病的症状是花卉的茎基部呈褐色并腐烂，菌丝体呈绢丝状，初白色，后变黄至褐色；叶片自下而上逐渐枯萎。此病多发生在土壤潮湿、多雨、高温的盛夏季节。

防治方法：将盆土消毒，同时注意环境通风，避免栽培过密。坚持见干见湿浇水。如果花卉已经患病，一定要修去病枝，定期喷洒50%多菌灵可湿性粉剂500倍液。

认清花卉虫害的种类 >>>

家养花卉虫害种类很多，大致可分为刺吸害虫、食叶害虫和地下害虫三类。

刺吸害虫

主要是指用嘴巴内的针状物刺吸花卉汁液的害虫，这类害虫以蚜虫、红蜘蛛、介壳虫、蓟马等最为常见。凡被这些害虫侵袭过的花卉，叶片都会出现卷曲、颜色变黄、有灰黄的斑点等症状，而枝条则会"垂头丧气"，枯黄瘦弱，毫无生气。

防治方法：当叶片出现以上情况时，可先人工除去害虫或病叶，并用化学方法治疗，用乐果乳剂3000倍液喷洒整个植株；或用5克香烟头对70~80克的水，稍加揉搓，浸泡24小时，用纱布过滤渣滓后即可直接喷洒花卉；还可用比例为1：200的洗衣粉水喷洒花卉，同样能有灭虫的效果。

食叶害虫

专吃花卉叶片的害虫，有的将叶片咬成一个一个的小洞，有的干脆将叶子吃光，仅留下叶脉和叶柄。这类害虫以刺蛾、卷叶蛾、夜蛾等最为常见，常潜伏在叶片背面，如不注意观察常被忽视。

防治方法：如果花卉受害不严重时，可人工直接除虫。若是花卉受害严重，可将90%晶体敌百虫800~1000倍液直接喷洒到叶片上防治；对于一些蛾类成虫，亦可用糖水加敌百虫诱杀。

地下害虫

在土中为非作歹的害虫，常见的有蝼蛄、蛴螬、大蟋蟀、地蛆等。这类害虫在春秋两季尤其活跃，且因其潜伏在土中，很难被发现。

防治方法：经常给花卉松土、清除杂草，并适时施加有机肥，给花卉创造良好的环境。将100克稻谷煮成半熟晾干，加入1克辛硫磷乳剂，充分搅匀后当肥料施入土中，作为毒饵诱杀害虫。

花卉常见虫害 >>

蚜虫

蚜虫是一种青黄色的小虫，几乎为害所有花木。春夏之间常密集在月季、石榴、菊花等新梢或花苞上，用口器吸食液汁，造成嫩叶卷曲萎缩，严重时不仅影响生长、开花，还会使植株枯萎。蚜虫一年可发生20~30代，卵能越冬。

防治方法：最环保的方法是直接用手指将蚜虫压死。必要时选用杀虫剂，如用40%乐果乳剂3000倍液或25%亚胺硫磷乳剂1000倍液喷洒。还可自制简易杀虫剂防治：一是按香烟头5克兑水70~80克的比例，浸泡24小时，稍加搓揉后，用纱布去渣后喷洒；二是用 1∶200的洗衣粉水(皂液水)，为提高效果可加入几滴菜油，充分搅拌，至表面不见油花时用喷雾器喷施。

刺蛾

刺蛾主要咬食月季、白兰、牡丹、石榴、梅花、蔷薇等叶片。受害严重时，不到几天整盆花卉的叶片就被吃光。刺蛾专门潜伏在叶子背面，如不注意常被忽视。一年中发生2代，6月上旬发生1次，6月下旬发生1次，10月中旬后就结茧越冬。

防治方法：如害虫少、危害轻时，可将受害叶片摘除，烧毁。可喷施90%晶体敌百虫1000~1200倍液（即1千克水加入敌百虫1克或多一点），或50%杀螟松乳剂500~800倍液。

叶螨

叶螨又名红蜘蛛，常为害杜鹃花、月季、一串红、海棠以及金橘、代代、仙人掌等，其中杜鹃花受害最为严重。叶螨虫体小，呈红色或粉红色，肉眼很难看到。喜在叶背面吸取液汁，被害叶发黄，出现许多小白点，严重时叶背出现网状物，不久枯黄脱落。叶螨繁殖能力很强，一年可发生10余代，常在高温低湿的环境滋生。

防治方法：清除盆内杂草，消灭越冬虫卵。干热天气每天向植株喷水，有利于减少叶螨侵害。为害时用40%乐果乳剂1000~1500倍液，或者用40%三氯杀螨醇乳剂2000倍液喷洒，尤其要喷湿叶背。

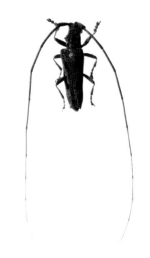

天牛

天牛又名蛀干虫、蛀心虫，常为害葡萄、月季、杜鹃花以及桃、杏、梅等。

防治方法：剪去受害树干，捕捉消灭。或用小刀清除虫粪、木屑后，从蛀洞口注入氧化乐果50倍液，再用泥浆封住洞口。

金龟子

金龟子又名白地蚕、白土蚕。其幼虫即是蛴螬，食性很杂，是多种花卉的主要地下害虫。

防治方法：冬耕深翻可促使越冬虫卵的死亡。活动期浇灌50%马拉松乳剂800~1000倍液，即可杀死害虫。

第五章

阳台花卉，
演绎沙漠绿洲

一般来讲，大多数家庭阳台通风性好、阳光充裕，比较适合种养一些喜光、耐高温或低温的观赏植物。但通常阳台面积都不大，为合理利用空间，美化空间，我们可采取以下几种方法。

替阳台量身定做一个双层或多层的花架，并预留出夏季支挂遮阳网、冬季固定挡风板的支撑点，便于日后以最快速度启动花草防护措施。

如是炎炎夏日，上层可放喜光抗旱的花卉，如太阳花、紫薇等；下层放耐阴抗寒的花卉，如三色堇、雀梅等。而到了寒冬季节，则调换上下层花卉的位置。这样，既可照顾花卉，美化阳台，又可让阳台的卫生工作变得简单易行，一举两得。

将花槽送至阳台外固定，花槽的宽度不超过20厘米，长度可根据阳台大小设定。在阳台正面悬挂的花槽，可种植一些低矮的一二年生花卉，如矮牵牛、三色堇等，尽量不要让花卉挡住阳台正面的光线。而阳台两侧的花槽，可种些攀爬型或植株稍大的花卉，如牵牛花、月季、金银花等。

但因为这些花槽位于高空户外，务必要保证其安装牢靠。花槽底端应垫上浅水盆，以便收集浇花时盆底漏出的水。将花盆送至户外时，还应用铁丝、麻绳等工具将花盆固定，以免花卉不小心坠落。遇台风天气，要及时将花卉搬入阳台。

将花盆悬挂在阳台上方，让阳台看起来有立体效果。有很多花卉适合悬挂，如吊兰、常春藤、金鱼草、倒挂金钟、球兰等。阳台花卉上下辉映，别有一番情趣。

花卉都有向光性，而阳台上的光线由于位置的原因，多半只能照射花卉的其中一面。为了让花卉均衡地吸收阳光，应每隔3~5天将盆栽花木旋转180°，这样花卉自然会长得饱满、圆润了。

太阳花

易种指数★★★★★

科　属：马齿苋科马齿苋属
别　名：大花马齿苋
原产地：巴西
观赏期：花期5~11月

🐟 **繁殖方式**

以播种和扦插为主，播种的最佳季节是4月，扦插则在生长的任何时期都可进行。

❖花草简介

太阳花属多年生草本植物，其生命力极强，只要有阳光和土壤，就算几天不浇水，它仍会生长得很好。它能自行播种繁衍，花色鲜艳，红、白、黄、紫皆有，是非常优秀的阳台花卉。

❖养护心经

土壤： 虽太阳花对土壤要求不高，但排水性一定要好，否则土壤积水或潮湿很容易引起根部腐烂。

光照： 太阳花是一种向阳性植物，从生长到开花，每个环节都需充足阳光，因此，无论是盆栽或是地栽，都应选向阳、日照良好的地方。

水肥： 太阳花耐旱，可少浇水，每次浇水时以盆土半干半湿为好。太阳花对肥料需求度不高，从种子发芽到开花，只需施2~3次腐熟液肥。

移位： 太阳花不耐寒，因此到了寒冬季节，应将花卉移至室内光线充足的地方，如窗台的玻璃内侧，让盆土保持干燥。

月季

易种指数★★★★★

科　属: 蔷薇科蔷薇属
别　名: 月月红
原产地: 中国
观赏期: 花期5~11月

繁殖方式

月季以扦插和嫁接两种繁殖方式为主，全年都可进行，但以夏季6~8月最好。

◆**花草简介**

月季属常绿或落叶灌木，品种繁多，其中家养花卉中以微型月季、大花月季和藤本月季等品种为主。月季除了外形美艳之外，还可吸收空气中的硫化氢、苯等有害气体。

◆**养护心经**

光照: 月季生长季节要有充足的阳光，每天至少接受阳光的沐浴6小时以上，否则月季会只长叶子不开花，即便是开花，花朵也会小而不香。

水肥: 月季怕水淹，花盆内不应有积水。平常季节，要等到盆土表面发白才可浇水，冬天少浇水或不浇水。

整形: 月季初现花蕾时，可挑出3~5个形状较好的花蕾留下，其余的一律剪除，以免养分供应过于分散，影响开花。

移位: 冬天可待月季的叶片全部脱落后，对其进行短截，即将花枝上5厘米以上的部位全部剪除，然后将其移到0℃以上的环境中过冬。

米兰

易种指数★★★★★

科　　属: 楝科米仔兰属
别　　名: 树兰、碎米兰
原产地: 亚洲南部
观赏期: 花期6~10月

繁殖方式

常采用压条和扦插的繁殖方式，时间多在4月下旬至5月中旬。

▶花草简介

米兰是多年生观叶、观花的常绿灌木或小乔木，花期多在6~10月，有时甚至终年花开不断。米兰花朵较小，呈金黄色，花香浓烈，能散发出具有杀菌作用的挥发油，对于净化空气、促进身体健康有很大作用。

▶养护心经

光照: 米兰喜温暖、湿润、阳光充足的环境，不耐寒，稍耐阴。在气温为30℃左右的散射光照下生长旺盛，开花次数增多，且香气浓郁。

水肥: 除炎热的夏天可每天浇水外，其他季节可2~3天浇1次水。米兰一年内可多次开花，消耗的养分也多，可每隔1周施一些含磷的液肥。

移位: 当气温降至10℃以下时，应将米兰搬入室内。室温最好保持在8~10℃，低于5℃时，应用塑料薄膜罩住花卉，待温度升高后再揭开。

茉莉

易种指数★★★★★

科　　属：木樨科素馨属
别　　名：香魂、莫利花
原产地：印度、巴基斯坦
观赏期：花期6~10月

繁殖方式

常用扦插和压条的方式繁殖，最佳时间在4~10月。

◆花草简介

茉莉是常绿灌木，花幽香，是我国传统的熏茶花卉。花期大多在6~10月，少数花期是从当年11月至翌年3月。

◆养护心经

光照：茉莉喜阳光充足、温暖湿润、通风良好的环境。在20~25℃时抽芽孕蕾，35~40℃时才开花，日晒充足时，花朵才会灿烂盛开。

水肥：茉莉一年会多次孕蕾，多次开花，故应多施些含磷的液肥。除盛夏季节应早晚浇水外，其他季节2~3天浇1次水即可。

整形：每年3月份可对茉莉进行一次修剪，每年4月下旬至7月中旬进行换盆。换盆后，经常摘心整形，以免花枝徒长，影响花朵盛开。

移位：茉莉不耐寒，应在每年霜降前搬进室内，越冬室温为5~10℃，5℃以下易受冻害，0℃以下易死亡。

雀梅

易种指数★★★★★

科　属:鼠李科雀梅藤属
别　名:对节刺、雀梅藤
原产地:中国
观赏期:初春

繁殖方式

可用播种或扦插繁殖。扦插一般选在3月左右的梅雨季节；播种可随采随播。

◆花草简介

雀梅为亚热带树种，属灌木，有落叶和常绿两种，家养时常取其树桩用来制作盆景。雀梅盆景的最佳观赏期是初春，此时雀梅满枝头的细芽，很具观赏性。其盛开的花朵很小，呈淡黄色。

◆养护心经

光照:雀梅喜通风透光的环境，但忌强光直射，故盛夏时应注意遮阴。

水肥:除生长期和梅雨季节外，平时应勤浇水，并常施稀薄的饼肥水和粪肥水。

整形:雀梅需经常修剪以保持其造型，可在每年春末和冬初各进行一次整形修剪；夏秋季进行多次摘心，以促使腋芽萌发，枝叶繁密。

移位:雀梅较耐寒，除非天气极端恶劣，一般可放在室外越冬。

紫薇

易种指数★★★★★

科　　属: 千屈菜科紫薇属
别　　名: 百日红、痒痒树
原产地: 亚洲南部
观赏期: 花期6~10月

繁殖方式

紫薇多采用扦插的方式繁殖，扦插时间多在11月落叶后至翌年3月。

❯花草简介

紫薇属落叶灌木或小乔木。紫薇无树皮，树干新鲜而光滑，家养时多为盆栽，可吸附空气中的二氧化硫、氟化氢等有害气体。

❯养护心经

光照: 紫薇对土壤要求不高，耐旱且耐寒，喜阳光充足的环境，从生长到开花，每个环节都需要充足的阳光。

水肥: 紫薇怕涝，可减少浇水量。遵循"薄肥勤施"的原则，春夏季多施肥，入秋后少施肥，进入冬季休眠期可不施肥。

整形: 紫薇发枝能力强，应经常修剪，以免夏季开花后过多消耗养分。

暖心小贴士

在自然条件下，紫薇10月中旬开始落叶，为了延长观叶期，应从9月上旬开始分批摘除老叶，以利新叶长出。

石榴

易种指数★★★★★

科　属：石榴科石榴属
别　名：丹若、金罂
原产地：伊朗及周边地区
观赏期：花期6~9月，果成
　　　　熟期7~9月

🪣 繁殖方式

　　扦插和压条繁殖，扦插常选在春夏两季进行，压条则在春秋季进行。

◢花草简介

　　石榴为落叶灌木或小乔木，有些树高可达5~7米，但矮生石榴仅高约1米或更矮，家养花卉以矮生石榴居多。花朵着生于当年新梢，果子球形。

◢养护心经

　　土壤：石榴对土壤要求不高，只要疏松、肥沃、排水性好即可，栽种时应将植株地上部分适当短截，以提高存活率。

　　光照：石榴喜向阳、背风的环境，生长期需长日照，并且光照越充足，花朵越多越鲜艳。

　　水肥：石榴耐旱，可按"宁干不湿"的原则浇水，尤其在开花结果期，不能浇水太多，以免出现落花、落果等现象。施肥时可"薄肥勤施"，长期追施磷钾肥。

　　整形：夏季应及时摘心，其他季节应积极疏剪、短截，以达到株形优美、硕果累累的效果。

虎尾兰

易种指数★★★★★

科　属：假树叶科虎尾兰属
别　名：虎皮兰、千岁兰
原产地：非洲、亚洲热带
观赏期：四季常绿

繁殖方式

　　常采用叶片扦插的方式繁殖，只要气温在15℃以上，任何季节均可进行。

▶花草简介

　　虎尾兰是多年生草本观叶植物，易种易活，能适应各种恶劣的天气。若夜间将虎尾兰搬入室内，它还能有效吸收二氧化碳，去除空气中的甲苯。

▶养护心经

　　光照：虎尾兰喜光又耐阴，长期光照不足就会停止生长，但如果有强光直接照射，又会出现叶片发白、变暗等情况，最好置于散射光处。

　　水肥：虎尾兰耐旱，要求土壤偏干，生长期可每周浇水1次，冬眠季节可10~15天浇水1次。春夏季多施一些有机液肥，秋冬季可逐渐减量。

　　移位：秋末冬初时就应将其搬入室内，只要室温在18℃以上，虎尾兰冬季可正常生长，到次年1~2月份时开花。

观赏辣椒

易种指数★★★★★

科　属: 茄科辣椒属
别　名: 五色椒、樱桃椒
原产地: 南美洲
观赏期: 花期 6~9 月, 果成熟期
　　　　8~10 月

 繁殖方式

常采用种子繁殖方式, 春播时间为 1~2 月中旬, 秋播为 8~10 月。

◆花草简介

观赏辣椒为多年生草本花卉, 但通常作一年生栽培。花朵娇小, 以白色、浅绿色、浅紫色和紫色为主; 果实不仅颜色众多, 且形状各异, 有线形、樱桃形、风铃形、灯笼形等。

◆养护心经

土壤: 观赏辣椒对土壤要求不严, 几乎所有的土壤都能够生长, 只要在其生长过程中, 保持土壤中有足够的肥力即可。

光照: 观赏辣椒属短光照植物, 对光照要求并不太严格, 对长日照也能适应。惧怕强光和高温, 耐半阴, 最好将其放在光线柔和的透风处栽培。

水肥: 观赏辣椒怕水涝, 盆土以湿润偏干为好, 可尽量减少浇水量。生长期可施1~2次液态复合肥, 开花前再追施1次磷肥。

修剪: 观赏辣椒生长较快, 从植株长至10~15厘米后, 应经常对其疏枝、摘心。

花毛茛

易种指数★★★★★

科　　属: 毛茛科毛茛属
别　　名: 芹菜花
原产地: 地中海沿岸
观赏期: 花期 2~5 月

繁殖方式

可采用种子繁殖，在秋冬季节播种，第二年春天即可开花。

❯花草简介

花毛茛属多年生宿根草本植物，花色丰富，有白、黄、水红、大红、紫等众多颜色。

❯养护心经

光照：花毛茛喜阳光充足的环境，能适应阴冷的气候，不畏寒但畏霜冻，冬季在0℃以下就会受冻害。

水肥：花毛茛是球根花卉，很会吸水，可尽量减少浇水量，太多反而会导致烂根；施肥时，应每隔10~15天施1次以磷、钾为主的液肥。

移位：花毛茛的休眠期多在炎热的夏天。在此期间，应及时剪去残花，停止浇水施肥，将其移到阴凉、干燥、通风的角落。

鸡冠花

易种指数★★★★★

科　属：苋科青葙属
别　名：芦花鸡冠、鸡髻花
原产地：非洲、美洲热带
观赏期：花期7~10月

 繁殖方式

　　常采用播种繁殖法，宜在4~5月进行。

◆ 花草简介

　　鸡冠花属一年生草本植物，因花朵呈鸡冠状而得名，主要有白、橙、红等花色。鸡冠花对二氧化硫、氯有一定的抗性。

◆ 养护心经

　　光照：鸡冠花怕干旱和水涝，喜温暖、阳光充足的环境，每天至少要有4小时光照，才能保证其花朵绚丽且香气浓郁。

　　水肥：鸡冠花对土壤要求不严，只要水肥适当即可。在生长期间浇水，以湿润偏干为好，不宜太过湿润。每隔半个月施一次液肥。

　　移栽：鸡冠花的茎秆很脆弱，移栽时不要将根部的泥土弄散，上盆后要栽得稍深一点，以叶子靠近盆土为好。

一品红

易种指数★★★★★

科　属: 大戟科大戟属
别　名: 圣诞红
原产地: 墨西哥
观赏期: 花期 12 月至翌年
　　　　2 月

繁殖方式

多采用扦插繁殖法，最佳时间在春秋季节。

❯**花草简介**

一品红属常绿灌木，花期正值圣诞节、元旦和春节期间，因此又名"圣诞红"。花开时顶端花、叶呈红色，非常适合用来装点喜庆的节日。

❯**养护心经**

光照: 一品红是短日照植物，茎叶生长期间，每天应将光照控制在5~9小时内，光线不足或光线过强都会影响其生长。

水肥: 浇水应注意不要过干或过湿。一品红对肥料需求度高，在其生长开花季节可每隔半个月左右施1次液肥。

修剪: 一品红进入生长期后长势较快，夏、秋季节应摘心2~3次，摘心时顺便疏枝。

暖心小贴士

一品红的汁液有毒，在进行摘心、修剪、扦插等工作时，最好戴上手套，以免引起皮肤瘙痒等过敏现象。

朱顶红

易种指数★★★★☆

科　属：石蒜科朱顶红属
别　名：百枝莲、孤挺花
原产地：秘鲁、巴西
观赏期：花期 4~6 月

繁殖方式

常用分球和种子繁殖法，播种最佳时间在 5~6 月。

◈花草简介

朱顶红是多年生草本植物，花朵呈喇叭状，有时在深秋季节盛开，有时在春季到初夏时节盛开。朱顶红有百合花之姿，君子兰之美，因此有"胭脂穴"的美名。

◈养护心经

光照：朱顶红喜温暖、湿润的环境，惧怕酷热和强光直射。除开花时节可让其晒晒太阳外，应将其放在明亮、没有强光直射的阳台荫棚下养护。

水肥：朱顶红怕涝，可尽量减少浇水量，盆土以偏干些为好；在其生长期间，每月施磷钾肥1次，花期停止施肥，开花后继续施肥。

修剪：朱顶红生长快，且叶片密集，应在开花后及时剪去已凋谢的花朵和残枝败叶。

移位：朱顶红冬季进入休眠期，要求周围环境干燥，温度不能低于5℃，一般只需将其移到室内避风的角落即可。

芦荟

易种指数★★★★☆

科　属：百合科芦荟属
别　名：象胆、奴会
原产地：地中海沿岸
观赏期：常年可观叶

繁殖方式

一般采用幼苗分株或扦插等技术进行无性繁殖，分株常在春季3~4月，或秋季9~10月进行。

◈花草简介

芦荟是多年生常绿草本植物，其叶片肥厚，主要是观叶，但老了也会开花，花朵呈金黄色或有赤色斑点。芦荟集观赏、药用、美容于一体，堪称"神奇的植物"。

◈养护心经

土壤：芦荟喜排水性好、不易板结的疏松土壤。每年需换1次土，换土时尽量不要破坏原有土质，以免影响其正常生长。

光照：芦荟需充足的阳光才能生长，冬春季节可增加日晒时间，夏秋季节应避免阳光直射。

水肥：芦荟怕积水，不宜过量浇水，7~10天浇1次水即可。施肥前，可用小棍在盆土上扎几个小孔，每隔3个月从孔中施入一些稀肥水。

移位：芦荟最适宜的生长温度为15~20℃，最低温度不能低于2℃。冬季放在高于5℃、向阳的地方即可安全过冬。

苏铁

易种指数★★★★☆

科　　属: 苏铁科苏铁属

别　　名: 凤尾铁

原产地: 中国南部、印度、日本

观赏期: 花期 6~8 月

🪴 繁殖方式

　　常采用分蘖或种子繁殖,秋天收集种子,随采随播。

◈花草简介

　　苏铁又称铁树,属常绿乔木。苏铁生长速度缓慢,寿命可达200年以上。花期多在6~8月,10月份种子成熟。

◈养护心经

　　土壤:苏铁喜肥沃、疏松、微酸性的沙质壤土。

　　光照:苏铁喜光,其生长过程中,每个环节都需要强光直接照射。

　　水肥:苏铁喜微潮的土壤,但浇水量不宜过大,否则不利其根系活动。每年3~9月,每周可为植株追施一次稀薄的液肥。

　　移位:最适宜的生长温度为20~30℃,越冬温度不宜低于5℃。冬季置于温室中越冬。较寒之地,冬季应加以保护。

杜鹃

易种指数★★★★☆

科　　属:杜鹃花科杜鹃花属
别　　名:映山红
原产地:中国
观赏期:花期4~6月

繁殖方式

可采用压条、扦插、嫁接及播种等方法繁殖,压条一般在4~5月进行,扦插在6~7月进行,嫁接则多在4~8月进行。

❯花草简介

杜鹃花有"花中西施"的美称,属乔木或灌木,有常绿和落叶之分。常见有春鹃、夏鹃、西洋鹃等品种。

❯养护心经

光照:杜鹃喜柔和的散射光,惧强光直晒,除冬天外,应将其放在通风、光亮处。

水肥:杜鹃对水分很敏感,不宜过干且不耐淹。可经常向叶面喷水,减少根部受淹的可能性。杜鹃叶芽萌动前,应每隔20天施1次稀薄饼肥水。

移位:杜鹃最佳生长温度在12~25℃,超过30℃或低于5℃则生长停滞,进入休眠状态。因此,夏季要防晒遮阴,冬季应防寒保暖。

整形:杜鹃萌芽力较强,分枝过多不利通风透光,也影响观赏,应经常对其进行摘心、剥蕾、修枝等调整,以保持完美株型。

百合花

易种指数★★★★☆

科　属：百合科百合属
别　名：番韭、山丹
原产地：北半球大陆温带地区
观赏期：花期7月

繁殖方式

家庭最适宜的繁殖方法就是枝条扦插，每年的4~9月均可进行。

◆花草简介

百合为多年生球根花卉，品种繁多，家庭观赏栽培主要以亚洲百合、麝香百合和东方百合为主。花色因品种不同而各具特色，多为黄、白、粉红等，也有一朵花具多种颜色。

◆养护心经

土壤：百合适应性好，能在黏土、沙土中生长，盆栽时以疏松肥沃、排水性好、富含腐殖质的沙性土壤最好。

光照：百合属长日照植物，但不喜高温，较耐寒冷。百合的生长适温为15~25℃，温度低于10℃时生长缓慢，温度超过30℃则生长不良。

水肥：浇水遵循"见干见湿"，保持盆土湿润即可，待植株地上部分枯萎后，应立刻停止浇水。生长期间只需施2~3次液肥，临近孕蕾期再追加1~2次磷钾肥。

修剪：百合较耐修剪，最好在修剪前后适当增加肥水管理，可保新枝叶生长更好。

非洲菊

易种指数★★★★☆

科　属：菊科灯草属
别　名：扶郎花
原产地：南非
观赏期：常年开花

繁殖方式

常用扦插和分株的方式繁殖，操作宜在春天进行。播种繁殖因后代变异较大，一般不采用。

❖花草简介

非洲菊属菊科多年生草本植物。花朵硕大，颜色和品种繁多，红、黄、粉、紫皆有，如果环境适宜可常年开花，尤其以4~5月和9~10月开花最盛。

❖养护心经

土壤：非洲菊喜疏松肥沃、排水性好、富含腐殖的沙质土壤。

光照：非洲菊喜冬季温暖、夏季凉爽的环境，冬季需全光照，夏季应适当遮阴。在15~26℃的通风、柔和光照的环境里，可常年开花。

水肥：夏季每3~4天浇水1次，冬季约半个月1次。非洲菊为喜肥宿根花卉，灌水时可结合施肥，追肥时应特别注意补充钾肥，以保证将来花朵艳丽。

移位：低于10℃的低温和高于30℃的高温，都会使非洲菊进入半休眠状态，因此在温度过高或过低时，都应将其移入室内通风处。

天竺葵

易种指数★★★★☆

科　属：牻牛儿苗科天竺葵属
别　名：洋绣球
原产地：南非
观赏期：花期10月至翌年5月

繁殖方式

　　多采用扦插法繁殖，春秋两季都可进行，但以春插成活率最高。

◆花草简介

　　天竺葵属多年生草本花卉。花期长，除炎热的夏季外，每年10月到第二年4~5月均可开花，春季最盛。花色艳丽而繁多，有红、白、粉等色，是很好的盆栽花卉。

◆养护心经

　　光照：天竺葵喜疏松、肥沃的土壤，可每年换盆1次，换盆时间最好选在8月中旬至9月上旬。

　　水肥：一般在其叶尖打蔫时才浇水，浇必浇透。6月下旬至8月上旬，天竺葵处于半休眠状态，应停止施肥，控制浇水。秋季为生长旺盛期，可每隔10天施肥1次。

　　修剪：每年至少修剪3次，第一次在3月份，主要是修枝；第二次在5月份，主要是疏剪；立秋后再进行1次整形工作。

　　移位：冬季移入室内，室温保持5℃以上，并严格控制浇水。

沙漠玫瑰

易种指数★★★★☆

科　　属:夹竹桃科天宝花属
别　　名:天宝花
原产地:肯尼亚、坦桑尼亚
观赏期:春、夏、秋三季开花

繁殖方式

扦插、嫁接、压条、播种都可,除播种在春秋季较适合外,其余方式均可在夏季进行。

>花草简介

沙漠玫瑰为多年生肉质植物。叶色浓绿,四季常青,花朵有红、白、粉等多种颜色,观赏价值较高。只要养护到位,除冬季外均可开花。

>养护心经

土壤: 以富含钙质、疏松肥沃的沙土为好,可用腐叶土、沙土混合栽培。

光照: 沙漠玫瑰喜光照充足的环境,且能耐高温和强光照,即使盛夏也不用遮光,每天至少应保证有6小时以上的强日照。

水肥: 沙漠玫瑰不需要经常浇水,让其保持半干旱状态最好,时刻注意防涝。沙漠玫瑰对肥料需求较多,在每年春、夏、秋三季各施1次有机肥,即可满足全年需要。

移位: 沙漠玫瑰不耐寒,在20~32℃时生长旺盛,冬季需要保持在15℃以上,10℃时即进入休眠状态,0~10℃就会有冻伤、冻死的可能。

龙船花

易种指数★★★★☆

科　　属: 茜草科龙船花属
别　　名: 百日红、英丹花
原产地: 中国、马来西亚
观赏期: 花期 5~11 月

繁殖方式

　　播种、压条、扦插均可繁殖，扦插在6~7月最佳，播种和压条宜在春季进行。

❯花草简介

　　龙船花因花期较长而被形象地称为百日红，属常绿灌木，花色有红色和橙黄、淡蓝等，花瓣细小，常成簇状聚在枝条顶端。

❯养护心经

　　土壤: 龙船花适应性很强，几乎在所有的土壤中都能生长，尤其在培养土和粗沙所混合的酸性沙质土中，生长最为旺盛。

　　光照: 龙船花整个生长过程都需要阳光照射，能耐半阴的环境，夏季开花时节最好以散射光为主，可延长花期。

　　水肥: 龙船花喜湿怕干，应保证肥水充足，可每天浇水1次，每周施肥1次。到冬季温度低时停止施肥，减少浇水量。

　　移位: 冬季移入室内向阳处，保持室温5℃以上，即可安全越冬。

马蹄莲

易种指数★★★☆☆

科　属:天南星科马蹄莲属
别　名:慈菇花、观音莲
原产地:南非南部
观赏期:四季开花

繁殖方式

宜采用分株和种子繁殖法,分株可在春秋季进行,种子可在其成熟后随采随播。

❖花草简介

马蹄莲属球根花卉,盛开的花朵形如马蹄,可长时间观赏。马蹄莲品种众多,家庭盆栽常见品种有白柄马蹄莲、绿柄马蹄莲、红柄马蹄莲等,在冬无严寒、夏不干热、温和湿润的环境条件下,可全年不休眠,四季花开。

❖养护心经

土壤:马蹄莲要求富含腐殖质、疏松、略带黏性的肥沃培养土。

光照:马蹄莲喜温暖湿润的环境,不耐干旱,遇夏季高温天气会被迫休眠,生长适温为10~20℃,夏季应防强风烈日,冬季室内需要光照充足。

水肥:生长期须常浇水,保持湿润,但要防止盆内积水。每天可向盆周喷水保湿,并经常用清水擦洗叶面,清除表面灰尘。上盆时应施足底肥,生长期应每10~15天施1次液肥,薄肥勤施。

移位:在清明前后,就应将马蹄莲移到遮阴处,让其进入夏季休眠状态。寒露前再将其移入室内,控制浇水,使其顺利越冬。

三色堇

易种指数★★★☆☆

科　属：堇菜科堇菜属
别　名：猫儿脸、蝴蝶花
原产地：欧洲
观赏期：花期从早春到初秋

繁殖方式

以播种繁殖为主，也可扦插和压条。7月下旬至9月初最适合播种。

❖花草简介

三色堇分枝较多，常被当作二年生花卉栽培。三色堇花色众多，可分为单色花和复色花两种，除常见的三色合一外，还有纯白、纯黄、纯紫等颜色。

❖养护心经

土壤： 三色堇对土壤要求不严，能耐贫瘠，但以排水性好、土质肥沃、富含有机质的土壤为好。

光照： 三色堇喜凉爽通风的环境，略耐半阴，较耐寒。生长期可接受柔和光线的照射，到开花时如能避开中午前后的强光直射，而上午及3点以后多见阳光，可延长花期。

水肥： 三色堇浇水可遵循"宁干勿湿"的原则，少浇水，干燥的盆土反而更有利于新根生长。施肥要求薄肥勤施，初期以氮肥为主，临近花期增加磷肥，平时可适当加施2~3次钙肥。

移位： 三色堇生长适温为15~20℃，低于15℃不会影响植株健康，但会让株型变得紧凑，推迟开花的时间，因此除极度寒冷季节，可不必将其移入室内越冬。如夏季温度过高，应适当遮阴。

矮牵牛

易种指数★★★☆☆

科　　属: 茄科碧冬茄属
别　　名: 碧冬茄
原产地: 南美洲
观赏期: 花期 4~10 月

繁殖方式

常用播种和扦插的方式繁殖，播种常年可进行，可依需花时间而定，扦插宜在5~9月。

◇花草简介

矮牵牛属多年生草本花卉，茎直立或匍匐，常作一年生栽培。花朵硕大，色彩丰富。花期为4~10月，如果环境温度稳定在15℃以上，可保证四季开花。

◇养护心经

土壤: 矮牵牛宜用疏松、肥沃和排水良好的微酸性沙质壤土。

光照: 矮牵牛属长日照植物，生长期需充足阳光，在正常阳光下，大多品种从播种至开花只需约100天时间，但若光照不足，往往会延迟10~15天开花，而且开花量少。

温度: 矮牵牛生长适温为13~18℃，但对温度的适应性较强，冬季能经受 - 2℃低温，夏季高温35℃时仍能正常生长。

水肥: 矮牵牛喜干怕湿，浇水和施肥都不宜过勤，保持盆土湿润偏干的状态即可。施肥可每半个月1次，以腐熟饼肥水为主。

菊花

易种指数★★★☆☆

科　属: 菊科菊属
别　名: 金英、寿客
原产地: 中国
观赏期: 花期 9~11 月

繁殖方式

　　菊花的繁殖方法很多，扦插、嫁接、分株和压条等都可。

花草简介

　　菊花为多年生宿根草本植物。冬天时，地上部分会枯死，次年春天再从地下根茎处萌发新芽。菊花品种繁多，姿色俱佳，花朵主要有纯白、纯黄、淡红、淡紫等颜色。

养护心经

　　土壤：菊花喜肥，要求培养土肥沃、排水良好，以中性或微酸性的沙质壤土或黏壤土最佳。

　　水肥：菊花不喜欢大水，除含苞期需水量增大，平时浇水量可按天气来调节。施肥以磷钾肥为主，肥水不宜过浓，开花前期可5~10天追肥1次。

　　修剪：在菊花的生长期间，一共要对其进行3次打顶，时间分别是5月、6月、7月，留下所需的花枝数，将多余的叶芽全部抹掉。

　　支柱：菊花成株很容易倒伏，最好于7月下旬在其旁边立一竹竿。

牡丹

易种指数★★★☆☆

科　属：芍药科芍药属
别　名：洛阳花、木芍药
原产地：中国
观赏期：花期4~5月

繁殖方式

多采用嫁接和分株方法进行繁殖，栽植季节以9~10月为最好。

>**花草简介**

牡丹属落叶灌木，其品种繁多，大多以地栽的方式培育。家养盆栽应选择适应性较强的洛阳红、胡红、赵粉等品种。牡丹可耐-30℃的低温，不用移入室内过冬。

>**养护心经**

土壤：牡丹在酸性、中性、微碱性的土壤中均可生存，但以疏松、肥沃、排水良好的中性土最好。

光照：牡丹喜阳，但不喜欢晒，稍能耐阴。家养时，最好将其放在东边的阳台上，以免因高温使其进入半休眠状态。

水肥：牡丹上盆后应立即浇水，以保持盆土湿润，此后隔日浇1次水，并注意排水防涝。生长期可施3次肥，时间分别是开花前、开花后、入冬前。冬季休眠期减少水肥用量。

修剪：修剪是牡丹栽培管理的最重要一环，在霜降前剪去枯枝败叶，以防止滋生病虫，使植株顺利越冬；开花前应及时摘心，花谢后及时修枝，以免养分供应过于分散，影响花型。

球兰

易种指数★★★☆☆

科　属：萝藦科球兰属
别　名：玉叠梅、石壁梅
原产地：华南及亚洲热带
观赏期：花期5~6月

🌱 **繁殖方式**

扦插法，一般在晚春进行。

◆ **花草简介**

球兰为多年生蔓性藤本植物，叶片如同涂了一层光蜡，颜色亮丽。节间有气生根，可附植于蛇木柱或吊挂栽培，可塑性强，耐观赏。花朵盛开时，常成簇状结构。

◆ **养护心经**

土壤：球兰喜稍干的土壤，以肥沃、微酸性、排水良好的腐殖土最佳。

光照：光线充足时，球兰花朵更美丽，花期更长久。但球兰叶片很薄，水分蒸发很快，因此不大适合暴露在强光下。

水肥：球兰耐旱，不需经常浇水，冬天时，甚至可将浇水次数延长至半个月1次。施肥主要以有机肥或复合肥料为主，生长期间每月施肥1次，其余时间可停止施肥。

修剪：开花后球兰的花梗不可摘取，因为来年的春季会在同一个地方再次开花。

长寿花

易种指数★★★☆☆

科　属: 景天科伽蓝菜属
别　名: 寿星花、圣诞伽蓝菜
原产地: 马达加斯加
观赏期: 花期 12 月至翌年 4 月

🪴 繁殖方式

　　扦插繁殖, 在 5~6 月或 9~10 月进行效果最好。

> 花草简介

　　长寿花是多年生肉质草本花卉, 圆锥状聚伞花序, 花色有绯红、桃红、橙红、淡黄、橙黄等, 花期可长达4个月。

> 养护心经

　　土壤: 长寿花耐干旱, 对土壤要求不严, 以肥沃的沙壤土为好。

　　光照: 长寿花在生长初期需要长日照, 开花前几周需要短日照处理。如果每天能保证让其见到4小时以上的直射光, 会让将来的花朵更美丽, 而高温时应注意遮阴、通风。

　　水肥: 长寿花体内含有较多水分, 抗旱能力较强, 故不需要大量浇水, 平时保持盆土湿润即可。生长期每月施1~2次含磷的稀液肥。

　　修剪: 生长旺盛期要及时摘心, 花谢后及时疏枝。每年春季花谢后, 要及时换盆, 并添加新的培养土, 以保证来年植株有足够的营养。

十二卷

易种指数★★★☆☆

科　　属：百合科十二卷属
别　　名：雉鸡尾、蛇尾兰
原产地：非洲南部
观赏期：四季常绿

繁殖方式

常用扦插和分株的方式繁殖，扦插多在5~6月进行，分株则全年可进行。

◆花草简介

十二卷是小型多肉植物，其品种繁多，形态各异。在众多十二卷品种中，以条纹十二卷、水晶掌等最适合家养，其株型小巧玲珑，无论是放在阳台上，还是用来点缀茶几、书桌、窗台等，都非常别致。

◆养护心经

土壤：十二卷喜疏松肥沃、排水良好、有一定颗粒度，并含有适量石灰质的沙质壤土。由于其根系浅，以浅栽为好。

光照：十二卷喜温暖、干燥的环境，耐干旱，怕水涝，适宜在半阴或光线充足的散射光下生长。夏季高温时，植株处于半休眠状态，切忌受强光直射。如在室内养护，每一两个月应移出莳养一段时间。

水肥：按"不干不浇，浇则浇透"的原则浇水，避免盆土积水。每半个月至一个月施1次稀薄的液肥或复合肥。夏季休眠时停止浇水和施肥。

换盆：经过一两年生长，十二卷的根系会逐步深入土壤中，这时应考虑对其换盆，并加入适量底肥，以利生长。

豆瓣绿

易种指数★★★☆☆

科　　属:胡椒科草胡椒属
别　　名:椒草
原产地:西印度群岛、巴拿马
观赏期:常年可观叶

繁殖方式

繁殖多用扦插法，枝插、叶插均可。一般在4~6月进行，剪取带顶尖的枝条或健壮的叶片，插于沙土中，2~3周即可生根。

花草简介

豆瓣绿属多年生常绿草本植物。豆瓣绿株型不大，但品种繁多，家庭盆栽中以西瓜皮椒草、皱叶豆瓣绿、塔椒草等最为常见，因其小巧玲珑，即使不放在阳台上，放在书桌、电脑桌上都可点缀风景、净化环境。

养护心经

土壤:喜疏松肥沃、排水良好的湿润土壤，可用泥沙、园土、腐叶土混合配制培养土。

光照:豆瓣绿喜阴凉湿润的环境，在散射光下生长较好。春、秋季节阳光温和，可把植株放置在室外。但夏季忌强光直射，尤其不能放在有西晒处，否则易造成枝叶发黄。因此，春天出房后，应放在阳台、走廊等凉爽处，盛夏需适当遮阳。

水肥:生长适温为20~30℃，在此条件下保持盆土湿润而不积水，注意浇水宁少勿多，以免因土壤过湿引起根部腐烂。但在5~9月的生长期要多浇水，天气炎热时还应对叶面喷水或淋水，以维持良好的空气湿度。生长期每3~4周施1次腐熟的稀薄液肥，直至越冬。

移位:豆瓣绿最好能在温暖的室内越冬，保持室温在12℃以上，并控制浇水，低于5℃易出现冻害。

小苍兰

易种指数★★★☆☆

科　　属: 鸢尾科香雪兰属
别　　名: 香雪兰、洋晚香玉
原产地: 南非
观赏期: 花期春节前后

繁殖方式

一般通过分球繁殖，新球茎1~2年开花。

◆花草简介

小苍兰属球根花卉。春节前后开花，花期长，夏季休眠。其花朵香气浓郁，花色鲜艳，从洁白到鲜黄、粉紫、大红等应有尽有。可作为切花观赏。

◆养护心经

土壤: 小苍兰喜肥沃、疏松、排水性好的沙壤土，家养盆栽时间宜在9月上中旬至10月上旬。

光照: 小苍兰喜冷凉、湿润环境，生长期间应给予充足的光照，但忌强光。温度保持在15~20℃，高温易致植株徒长、花期缩短。

水肥: 湿润偏干的盆土很适宜小苍兰的生长，生长期可每隔10天施1次含磷的稀薄液肥，到抽芽时停止施肥。

移位: 小苍兰不耐寒，也不耐高温，霜降前、入夏后，都应将小苍兰移入室内，置于阳光充足、通风的环境中。

倒挂金钟

易种指数★★★☆☆

科　　属: 柳叶菜科倒挂金钟属
别　　名: 吊钟海棠
原产地: 墨西哥、秘鲁、智利
观赏期: 花期1~6月

繁殖方式

以扦插为主，除炎热的夏季外均可进行，春插1~2周即可生根。

❯花草简介

倒挂金钟为多年生灌木。倒挂金钟的花很特别，花朵如灯笼悬挂在枝头，且花色丰富，主要以红色、粉色、白色和紫色为主。若将花枝剪切，用清水插瓶，可生根繁殖，大大延长其观赏性。

❯养护心经

土壤: 要求疏松、肥沃、排水良好的沙质壤土。

光照: 倒挂金钟喜温暖湿润的半阴环境，生长适温为15~20℃，忌高温、强光暴晒，温度达30℃以上时进入半休眠状态。

水肥: 倒挂金钟生长快，开花次数多，故平时应每隔10天左右施1次氮磷结合的稀薄液肥。施肥后用喷头喷水1次，冬天和高温休眠期要严格控制浇水，停止施肥。

修剪: 生长期间要经常摘心，当幼苗长至10厘米时进行第一次摘心，待新枝长出6~8片叶片时进行第二次摘心。秋凉后对过长的枝条进行短截和疏枝。

佛手

易种指数★★★☆☆

科　属:芸香科柑橘属
别　名:佛手柑
原产地:中国
观赏期:全年开花3~4次，果
成熟期11~12月

繁殖方式

　　常用扦插、嫁接、高压等方法繁殖，于6月下旬至7月上中旬进行。

花草简介

　　佛手为常绿小乔木或灌木，因果实长相酷似观音手指而得名。其品种众多，家养时主要以白花大种、紫花种、百花早熟种为主，一年可开花3~4次，以夏季最盛。

养护心经

　　土壤:佛手为浅性根，除种植时需注意入土深浅外，还要求土壤排水性好，以肥沃湿润的酸性沙质土壤为好。

　　光照:佛手喜温暖的气候，但惧强光照射，不耐阴，也不耐寒。

　　水肥:生长期需水量增大，要多浇水，高温季节还要向植株四周喷水，以增加空气湿度。佛手性喜肥，可在抽芽时、生长期、结果前期、果实成熟后、越冬前施肥。

　　移位:北方地区在霜降前应将佛手移入室内向阳处越冬，室内温度要保持在4℃以上，必要时可遮盖塑料薄膜增温。

富贵籽

易种指数：★★★☆☆

科　　属：紫金牛科紫金牛属
别　　名：黄金万两、金玉满堂
原产地：中国南部热带地区
观赏期：四季观果

繁殖方式

　　通常采用种子繁殖方式，可即采即播，也可储存春播。因种皮坚硬，可用温水浸种1天后再播。

◆花草简介

　　富贵籽属常绿小灌木。富贵籽初夏开花，秋季结果，初冬时果实转为红色，可挂果长达10个月，是名副其实的四季观果花卉。

◆养护心经

　　土壤：富贵籽不耐干旱、贫瘠，喜肥沃、疏松、排水良好的微酸性沙质土壤，可使用购买的营养土，也可自制培养土，比如用塘泥、腐殖土、老园土、粗沙、木屑混合而成的土，很适合用来栽培富贵籽，并能提高结果率。

　　光照：富贵籽喜半阴半阳的环境，惧怕强光直射。无论任何季节，特别是炎热的夏季，都可为其搭设遮阴棚，要求遮阴率达到60%~90%，以起到遮挡阳光、降温增湿的效果。

　　水肥：按"见干见湿"的原则浇水，但不要让盆土积水。春季一般3~4天浇水1次；夏季植株生长快、需水量大，可每天早晚浇水1次，并朝叶面及四周喷水；冬天果实转红后，可每周浇水1次。富贵籽生长缓慢，对肥料要求不高，可每半个月施1次液肥。但夏季是富贵籽生长的旺盛期，养料需要多，可多施磷钾肥。

　　换盆：移栽换盆时，要先按植株的尺寸大小选择花盆，将植株放入盆中央后培土并稍稍压平，使根系与培养土充分接触，再在盆土上面撒一层粗塘泥或铺一层青苔，既可遮阴又可防止浇水后土表板结，10~15天后即可转入正常管理。

第六章

室内花卉，
打造居家氧吧

室内养花好处很多，同时室内摆花也很有讲究。因为花卉白天主要进行光合作用，会释放出氧气和吸收二氧化碳。而到了夜间，大多数花卉主要进行有氧呼吸作用，这时，室内养花这种健康的活动，反而会变得不健康。

室内阳光少，养花应以耐阴型植物为主，然后根据室内方位、作用等，选购不同品种的花卉。

客厅适合摆些观叶的橡皮树、龟背竹、巴西铁、棕竹等，或是观花的蟹爪兰、火鹤花、仙客来等。因为客厅常常是主人待客、居家活动最频繁的地方，摆上一些株型端庄、舒展，色泽明亮的花卉，可营造出温馨的气氛，让客人感觉很亲切。

卧室是人们休息的场所，选购花卉时应考虑其与卧室整体格调一致，并尽量营造出优美、宁静的氛围，有助睡眠。卧室花卉以株型娇小、花叶清秀优雅的植物为主，如文竹、吊兰、孔雀竹芋、芦荟等。夜间卧室应尽量少放花卉，以免有些花卉夜间与人争氧气，影响健康。

书房中的花卉应以能烘托房间清幽，有助主人消除疲劳的品种为主，如梅、兰、竹、菊。当然，也可选择一些颜色较明亮的绿叶植物，点缀在书房的不同角落，如万年青、龟背竹、君子兰等，淡淡花香伴随阵阵书香，工作和学习也会事半功倍。

厨房易产生油烟，偶尔还会有蟑螂等害虫骚扰，应摆放一些具有较好抗污染力和抗病虫害的植物，如芦荟、万年青等。

卫生间是室内最潮湿的地方，应选耐阴性和耐湿性极强，叶面柔软但不能有毛或刺的品种，如绿萝、铁兰、滴水观音等。不过，没有哪种植物长期在阴暗潮湿的环境中还能生长良好的，因此要定期地将它们移到通风透光处，接受短时间的日照，这会让植株生长更旺盛，从而大大提高其观赏性。

中国兰花

易种指数★★★☆☆

科　　属: 兰科兰属
别　　名: 芝兰、香草
原产地: 中国
观赏期: 花期 2~5 月

 繁殖方式

　　每隔两三年于春或秋季进行分株繁殖。

❯花草简介

　　中国兰花俗称兰草，属四季常青的宿根花卉，主要有春兰、蕙兰、建兰、寒兰、墨兰五大类。兰花喜欢凉爽通风的环境，不耐油烟和有害气体的污染，适合放在书房、客厅窗台处栽培，装点环境。

❯养护心经

土壤: 兰花喜富含腐殖质、透气保水性都很强的微酸性土壤。

光照: 兰花喜半阴环境，对日照要求不高，一般在20℃以下的阳光照射下能正常生长，温度超过25℃进入休眠期。

水肥: 兰花喜湿润的环境，可勤浇水，但要注意防涝。施肥应按"薄肥多施"的原则，从5月份开始，到立秋时结束，可隔两天施肥1次。

移位: 遵循"春不出、夏不晒、秋不干、冬不湿"的原则，冬天将兰花搬至1~5℃的室内，到春末再将兰花搬出户外，给予充足的阳光。

巴西铁

易种指数★★★★★

科　　属：百合科龙血树属
别　　名：香龙血树、水木
原产地：几内亚、加那利群岛
观赏期：常年可观叶

繁殖方式

多用扦插的方式
繁殖，宜在5~6月进行。

▶花草简介

巴西铁属多年生观叶常绿乔木。在热带地区可生长至6米高，但一般家庭盆栽多在50~150厘米。体积稍大点的，可放在室内的角落、门口、走廊等宽阔处，体积稍小点的，可放在桌面、茶几、客厅中间。

▶养护心经

土壤：家庭盆栽时，以腐叶土、培养土和粗沙组合的混合土为好。市售的巴西铁盆栽使用精沙土，长期使用对植株生长不利，1年左右就将其换掉。

光照：巴西铁对光线适应能力很强，无论是在光线明亮处，还是室内阴暗角落，都能正常生长。但如果能给予较明亮的散射光及半阴的环境，其长势会更加可人。

水肥：巴西铁对土壤和空气中水分要求都很高，在生长期间要求3~5天浇1次水，并不时用水喷洒叶片；巴西铁也耐肥，5~10月可用稀释的液肥或固态复合肥，15~20天施1次。

移位：巴西铁生长适温在20~35℃之间，冬季要维持在5℃以上，并要减少浇水，保持盆土稍湿方能安全越冬。

肾蕨

易种指数★★★★★

科　属：肾蕨科肾蕨属
别　名：蜈蚣草
原产地：热带和亚热带地区
观赏期：常年可观叶

繁殖方式

常用分株方式繁殖，全年均可进行，多在5~6月结合换盆操作。

◆ 花草简介

肾蕨属多年生常绿观叶植物。其叶形奇特，品种繁多，家庭盆栽常见的种类有尖叶肾蕨、圆盖肾蕨、高大肾蕨等，可在客厅盆栽摆设，也可悬挂在室内较阴暗的角落。

◆ 养护心经

土壤：肾蕨根系较浅，家庭盆栽时应用浅盆栽种，培养土以腐叶土、沙土为主；作吊篮时，则可用腐叶土和蛭石混合做培养土。

光照：肾蕨原本生长在热带溪边的树林或岩石缝里，喜温暖湿润、半阴的环境。对光线要求不高，偶尔有散射光线照射即可，忌强光直射。

水肥：肾蕨对空气湿度要求很高，需要经常向叶面喷水。对土壤水分要求不高，可尽量少往根部浇水。在生长期间施肥，可每月1次，直到冬天停止。

移位：肾蕨耐阴，但不耐寒，要在5℃以上，才能安全越冬。所以冬天应将其移到有柔和光线照射、避风的玻璃窗后。

橡皮树

易种指数★★★★★

科　属: 桑科榕属
别　名: 印度橡胶榕
原产地: 印度、马来西亚
观赏期: 常年可观叶

繁殖方式

橡皮树多在春夏两季采用扦插的方法繁殖。

❖花草简介

橡皮树属常绿木本观叶植物。其叶片呈椭圆形或长卵形，叶片正反两种颜色，正面为暗红色或红绿色，而背面则呈浅绿色。橡皮树品种很多，叶色富于变化，但以叶片上有黄白色斑点的品种，最让人津津乐道。

❖养护心经

土壤: 橡皮树对土壤要求不严，在任何土壤中都能正常生长，但以在土质肥沃、疏松、排水性良好的微酸性土壤中生长最好。

光照: 橡皮树喜阳又耐阴，对光线适应能力强，可常年放在室内向阳处养护，窗台、书房、走廊都可，但应避免强光直射，以免烧伤叶片。

水肥: 盆土以湿润偏干为好，夏季可加大水量，但要避免盆内积水。春夏秋三季生长旺盛，可每月追施1次液肥。秋后逐渐减少施肥和浇水量，直至进入冬眠期。

移位: 橡皮树不耐寒，生长适温为22~32℃，低于10℃时极可能出现冻害，可将其移到避风透光处，并用干沙覆盖根部，这样可以让其顺利越冬。

文竹

易种指数★★★★★

科　属: 百合科天门冬属
别　名: 云片竹
原产地: 南非
观赏期: 常年可观叶

 繁殖方式
　　多结合换盆进行分株繁殖。

❖花草简介

　　文竹属多年生藤本观叶植物。文竹的茎具有攀援性，叶片形状像羽毛，花朵细小呈白色，浆果球形，呈紫黑色。文竹适合放在客厅的茶几、书房的书桌或卧室的案头等处。

❖养护心经

　　土壤：文竹喜半阴、凉爽的环境，对土壤的要求是肥沃、排水性好即可，可在配制培养土时，在底层垫入少量复合肥做基肥。

　　光照：文竹切忌烈日暴晒，无论什么季节，都只能接受柔和的散射光。在开花期间可适当给予直射光照耀，但避免风吹，以免花未开就凋落。

　　水肥：文竹喜温暖湿润的环境，一般需等到表土见干时才浇水，空气干燥时经常要向叶片和周围地面喷水，盆内切忌积水。生长期应每2周施稀薄的液肥1次，直到冬季停止。

　　移位：文竹生长适温为12~18℃，只要室温不低于5℃，便可安全越冬。冬天开暖气时，应多向文竹周围喷洒水雾，以免叶片凋零。

铁兰

易种指数★★★★★

科　属: 凤梨科铁兰属
别　名: 紫凤梨、空气铁兰
原产地: 美洲热带及亚热带地区
观赏期: 花期2~8月

繁殖方式

常以分株的方式繁殖，多在春季花后切下带根子株盆栽，放半阴处养护。

◆花草简介

铁兰属多年生草本植物，是一种花叶两美的观赏植物。常生长在阴湿的灌木丛中，以及大树上、悬崖间，家养时可将其配植在大型山石旁，或是随意贴、吊、挂在蛇木板上。自上而下开花，观赏期达数周。铁兰具有较强的净化空气能力。

◆养护心经

土壤：多用排水性好、富含腐殖质、疏松、肥沃的腐叶土或泥炭土，也可用树皮、木屑、陶粒、蕨根等不含钙质的栽培基质。

光照：铁兰喜温热、湿润，及散射光充足的环境，耐寒性强，耐旱，但惧强光直射和水渍。生长适温20~30℃。

水肥：对水肥要求不高，可粗糙管理，生长期经常向植株喷水，保持盆土中等湿润即可。每半个月施一次稀薄液肥。

移位：夏季高温时应适当遮阴；冬季低于5℃时进入休眠。低温可致冻害，应注意保温。

幸福树

易种指数★★★★★

科　　属: 紫葳科菜豆树属
别　　名: 菜豆树、辣椒树
原产地: 中国
观赏期: 四季常绿

🍃 繁殖方式

　　通常采用播种繁殖，偶尔也用扦插的方式繁殖，多在春天进行。

❖花草简介

　　幸福树属落叶乔木。观叶为主，花期为5~9月，盛开的花朵呈漏斗状，白色或黄色，果实呈圆柱形长条状。

❖养护心经

　　土壤: 栽培时宜用肥沃、排水良好、富含有机质的沙质壤土。

　　光照: 幸福树喜阳光充足的环境，耐高温，但不耐干燥，因此家养盆栽时常只让其接受柔和的散射光线，且盛夏时也要将室温控制在27℃以下，以免植株休眠。

　　水肥: 幸福树喜湿润的土壤和空气，一般浇水时可顺带喷洒植株和叶片，以保持70%左右的空气湿度；幸福树对肥料需求很高，可"薄肥勤施"，以复合肥为主。

　　移位: 越冬期间，应维持室内不低于8℃，同时还要避免冷风直吹，更不要将暖气对着花卉开放，以免加快水分流失。

龟背竹

易种指数★★★★★

科　属：天南星科龟背竹属
别　名：蓬莱蕉
原产地：墨西哥热带雨林
观赏期：四季常绿

▶ 花草简介

龟背竹叶片奇特，四季常青，属多年生草本观叶植物。将其置于窗台上，能烘托出很好的热带雨林氛围。龟背竹具有吸收二氧化碳的奇特本领，可放在书房、客厅，用来净化室内空气。

繁殖方式

常采用扦插和播种的繁殖方式，播种随时可进行，扦插多半在4月份进行。

▶ 养护心经

土壤：龟背竹喜欢疏松、透气、含腐殖质的沙质肥沃土壤，可在配制培养土时添加牛粪水或豆饼水等做基肥，以保证培养土中有充足的营养。

光照：龟背竹喜欢温暖、潮湿的环境，春、夏、秋三季偏爱散射光线，忌强光照射和干燥，夏季可在龟背竹的上方搭设遮阳网，以免导致叶片枯黄老化；冬季可不遮光。

水肥：龟背竹喜欢湿润的环境，尤其生长期，可每天傍晚浇足水1次，其余时候可每2~3天浇1次水。它虽喜湿，却忌盆内积水，否则会烂根。每隔10天左右施1次液肥。

移位：龟背竹最适宜的生长温度是20~25℃，不耐高温和低温，5℃以下、30℃以上都会停止生长。夏天注意防晒，天气转凉时及时将其移入暖和处越冬。

换盆：龟背竹需每年换盆1次。初长成的植株要及时搭架绑扎、定型、修剪，力求株型完美。

暖心小贴士

龟背竹的汁液有轻微的毒性，若是侍弄过龟背叶，请不要直接用手揉眼睛或抓食物吃。

发财树

易种指数★★★★★

科　　属：木棉科瓜栗属
别　　名：瓜栗、马拉巴栗
原产地：中美洲
观赏期：四季观叶

 繁殖方式

　　主要采用扦插繁殖，以春、秋两季最佳。

◆花草简介

　　发财树属多年生常绿乔木。茎下部肥大，家养多作桩景式盆栽，也可几株编织在一起。地栽时花朵硕大，花色也众多，花期在4~5月。盆栽很少开花。

◆养护心经

　　土壤：发财树对土壤适应能力较强，无论是在贫瘠的一般土壤，还是在混合的有机营养土中，都能生长良好。

　　光照：发财树为强向阳性植物，但也很耐阴，可在室内光线幽暗的地方连续摆放2~4周，适合放在阴暗的书房、客厅角落，而后应移到光线较强处莳养一段时间。

　　水肥：发财树在高温季节及生长期需充足的水分，应每隔3~5天用喷壶向叶片和根部喷水1次，但发财树耐旱能力很强，数日不浇水也不会受害，最怕盆内积水。生长期间可每半个月追施腐熟有机肥1次，夏季高温时节应停止施肥。

　　移位：发财树生长适温在15~30℃间，冬季在15℃以下生长较缓慢，5℃以下就易被冻伤。冬天应将其移到光线不太暗的避风处。

蝴蝶兰

易种指数★★★★★

科　　属：兰科蝴蝶兰属
别　　名：蝶兰
原产地：欧亚、北非、北美和中美
观赏期：花期春节前后

繁殖方式

多采用分株法繁殖，即切下花后的植株基部或残花茎上长出的小植株种植。

花草简介

蝴蝶兰有"兰俊"之美称，原本为热带的附生兰（即攀附其他植物生长的植物），因其花朵长相酷似蝴蝶而得名。花期一般在春节前后，观赏期可长达2~3个月。蝴蝶兰花色众多，可摆放在室内茶几、书桌等处。

养护心经

土壤：蝴蝶兰原本生长在树干上，根部都暴露在外面，可从湿润的空气中吸收养分，因此盆栽时不宜用泥土，最好用水苔、树皮、木炭、浮石等物质混合成的培养土。

光照：蝴蝶兰耐半阴的环境，忌烈日直射，但也不能放于室内阴暗处，否则导致其生长缓慢，最好能让其长期接受柔和的散射光。

水肥：蝴蝶兰对土壤中水分要求是见干见湿，但不能积水；对空气中水分的要求是保持60%~80%的空气湿度，通风，忌空调、电风扇等干冷风吹拂。蝴蝶兰要全年施肥，除非持续低温，否则都不应该停止施肥，尤其春夏生长期，可每隔7~10天施1次稀薄液肥。

修剪：开花全部结束后，应及时剪去从植株基部抽出的花梗，防止养分消耗。如果想要植株来年再开花，可结合换盆对花茎进行短截。

火鹤花

易种指数★★★★☆

科　属: 天南星科花烛属
别　名: 红鹤芋、花烛
原产地: 南美洲热带雨林地区
观赏期: 花期 2~7 月

🌿 **繁殖方式**

　　早春结合换盆进行分株繁殖。

▶ **花草简介**

　　火鹤花属多年生常绿草本植物。其花朵形状独特，犹如伸开的红色手掌。花期2~7月，但如果对水、肥、光照、湿度等管理适宜，也可常年开花。

▶ **养护心经**

　　土壤：火鹤花要求土壤疏松、肥沃，盆土应干湿相间，若透气性和透水性不良易引起烂根。一般采用以腐叶土、树叶碎渣、碎木炭等混合的培养土。

　　光照：火鹤花喜高温、湿润的环境，忌阳光直射，在22℃以上才能生长良好，但一旦超过30℃又会引起叶腐病。全年适合在遮阴的光照下生活，以透光35%~50%为宜。

　　水肥：盆土可保持在湿润偏干的状态，切忌盆内积水。但对空气湿度要求很高，天气干燥时每天向叶面及四周喷水以增加湿度。生长季节应每月施1~2次液肥，直到冬天停止。

　　移位：火鹤花对温度很敏感，高于30℃和低于15℃的气温，都会影响其生长，尤其在10℃以下就会发生冻害，冬季应将其移到室内窗户附近培养，且不需遮光。

吊兰

易种指数★★★★★

科　　属:百合科吊兰属
别　　名:垂盆草
原产地:非洲南部
观赏期:花期6~8月

🪣 **繁殖方式**

　　可用分株繁殖，除气温过低的冬天外，其他季节都可进行。

◆**花草简介**

　　吊兰属宿根草本花卉，特别适合用吊盆栽种。花期常在6~8月，如果室内条件适宜，冬季也可照常开花。吊兰有极强的吸附有毒气体的功能，可充当室内"绿色净化器"，帮助洁净空气。斑叶品种观赏价值高。

◆**养护心经**

　　土壤:吊兰适应性很强，耐旱也耐寒，不择土壤，以在疏松的沙质壤土中生活最佳。

　　光照:吊兰在任何日照条件下均能正常生长。但如果长期在半阴的环境中生活，会导致叶片颜色缺乏生气，最好能为其提供通风、阴凉、阳光充足的环境，且避免阳光直射。

　　水肥:吊兰有肉质型的根，贮水能力强，具备高超的抗旱能力，可减少对其根部浇水，但应经常向叶面喷水以增加空气湿度。生长旺盛期每月施2次稀薄液肥，以氮肥为主。

　　移位:夏季高温时，应将其移到室内阴凉的角落;寒冷季节，可将其放在避风透光的玻璃窗后。

绿萝

易种指数★★★★☆

科　属：天南星科绿萝属
别　名：黄金葛、魔鬼藤
原产地：苏门答腊
观赏期：常年观叶

繁殖方式

常用扦插繁殖。在5~7月剪取枝条，除去基部叶片，直接上盆种植。

花草简介

绿萝属多年生常绿藤本植物。它生命力和吸附室内有害物质的能力都极强，可将其柱状盆栽放在客厅里，或是吊挂在卧室的门口或窗台上。

养护心经

土壤：绿萝喜肥沃、疏松、排水性好的偏酸性腐叶土，在中性土或黏性重的土中生长不良。

光照：绿萝向阳性不强，耐半阴，但如果长期处于阴暗处，叶片会变得细小，影响其观赏价值。冬春季节应为其补充光照，夏秋季应在半阴环境中度过，避免阳光直射。

水肥：绿萝蒸发水分较慢，可尽量减少浇水量，盆栽时可每周浇1次水，但要经常向叶片及周围喷水。生长季节每2周施1次复合肥。

移位：绿萝要求室温达10℃以上，才能安全越冬，20℃以上才能正常生长。因此冬天应减少开窗的时间，将绿萝放在透光的玻璃窗后，经常接受阳光照射。生长适温白天25℃左右，冬季室温应保持在10~13℃，一般不低于7℃。

君子兰

易种指数★★★☆

科　属：石蒜科君子兰属
别　名：剑叶石蒜
原产地：南非
观赏期：花期冬春季

繁殖方式

　　常采用播种和分株方式繁殖，春秋冬三季均可进行。

◈花草简介

　　君子兰属多年生草本花卉。一般在冬春季节开花，尤其以冬季开花最多，花朵细小牢固，可连续15~20天花开不败。浆果也具观赏价值。君子兰具有吸收室内烟雾的作用，适合放在厨房、客厅等处。

◈养护心经

　　土壤：君子兰适宜用富含腐殖质的土壤，如果在土壤中掺入 20% 左右的沙粒，更能保证土壤的保水透气性，增加根部活动的空间。

　　光照：君子兰喜光，但惧怕强光直射，每天只要有4小时左右的散射光即可，且君子兰不耐高温，最好能保持室温在15~25℃。

　　水肥：君子兰有发达的肉质根，能储存水分，并具有较强的抗旱性，应等到盆土发白时再浇水。君子兰喜肥，宜采用"薄肥勤施"的原则，生长期每半个月施1次液体肥。

　　移位：君子兰耐阴，但不耐寒，冬季应将其放在15℃以上的阳光充足处，并尽量减少浇水和施肥量。

万年青

易种指数★★★★☆

科　属: 百合科万年青属
别　名: 粉黛叶
原产地: 中国、菲律宾
观赏期: 四季观叶

🌿 繁殖方式
　　常在春季用扦插或分株法繁殖。

◆花草简介

　　万年青属多年生常绿草本花卉，是我国传统的观叶植物。花期为5~6月，短穗状花序，果实呈球形，果熟期为9~10月。常见品种有花叶万年青、广东万年青。

◆养护心经

　　土壤: 万年青地下根茎的萌发力强，对土壤的要求不严，只要土壤深厚、肥沃即可。

　　光照: 万年青原本生长在山野溪涧和林下草地中，喜湿润的半阴环境，家庭盆栽时可将其放在客厅、书桌上，避免阳光直射。

　　水肥: 春夏季以土壤微湿为好，可多浇水，秋冬季则以盆土湿润稍干为好，尽量控制浇水量。在其生长期，应每隔10天施稀薄的液肥1次。

　　移位: 冬季植株休眠，应将花盆置于5℃以上的避风透光处。

康乃馨

易种指数★★★★☆

科　　属: 石竹科石竹属
别　　名: 香石竹
原产地: 地中海沿岸
观赏期: 花期 4~9 月

🏷 繁殖方式
　　多以播种、扦插法繁殖。

❯花草简介

　　康乃馨属多年生草本花卉，株高1米上下，适合放在客厅、走廊的角落处。花瓣不规则，单瓣或重瓣，花色以黄色、白色、红色和粉色为主。

❯养护心经

　　土壤: 喜保水性好、透气性强、富含腐殖质的沙壤土。

　　光照: 康乃馨属中日照植物，喜阳光充足、通风良好的环境，但尽量避免强光直射，春夏秋三季应适当遮阴。

　　水肥: 对康乃馨浇水，应以盆土湿润、不积水为原则，每月适当灌水2次即可；根部施肥可每半个月1次，叶片施肥可每月1次。

　　修剪: 幼苗长出8~9对叶片时进行第一次摘心；待侧枝长出4对以上叶时，进行第二次摘心。经多次处理，最后使整株形成多个侧枝，每侧枝只保留顶端一个花蕾。

风信子

易种指数★★★★★

科　属: 风信子科风信子属
别　名: 洋水仙
原产地: 地中海东部沿岸
观赏期: 花期 3~4 月

繁殖方式

多采用分球和播种的方式繁殖，常在秋后进行。

◆花草简介

风信子为多年生球根花卉。花色众多，以红、蓝、白、紫、黄为主，花香清幽。家养时可将其放在鱼缸边、电视机旁等光线较亮的地方。

◆养护心经

土壤: 风信子喜肥沃、排水性良好的沙壤土。或是将风信子放入阔口玻璃瓶内，加入少许木炭以帮助消毒和防腐，将风信子的种头浸至瓶底水培即可。

光照: 风信子冬春季喜温暖湿润、夏秋季喜凉爽稍干的环境，但无论哪个季节，都希望阳光充足。

水肥: 生长初期应充分浇水，浇水后可在表面附上一层干燥的沙土，以保持盆内湿度。风信子经过4个月左右的生长就会开花，其间注意增施磷钾肥，最好在开花前后各施肥1次。

移位: 风信子能耐低温，但惧怕炎热，当温度升至25℃，植株就会进入半休眠状态，因此高温时节应将其移到阴凉、通风的角落。

迷迭香

易种指数★★★☆

科　　属：唇形科迷迭香属
别　　名：海洋之露
原产地：地中海沿岸
观赏期：花期12月至翌年4月

繁殖方式
常采用扦插、压条等方式繁殖。

◆花草简介

迷迭香为多年生常绿小灌木，主茎高约1米。其枝叶散发的芳香，具有缓解紧张情绪、增强记忆力的作用，可将其放在书房提神；或是将干燥的茎叶做成布包放入衣橱中，还能有效驱虫。

◆养护心经

土壤：迷迭香耐瘠薄，能在干旱和寒冷的环境中生存，但怕积水，因此要求土壤排水性较好、土层深厚，最好是含有石灰质的沙质土壤。

光照：迷迭香喜阳光充足和温暖干燥的环境，对长日照或短日照无过多要求，室内窗台等处是放置迷迭香的最佳场合。

水肥：迷迭香怕湿不怕干，浇水以土壤湿润偏干为好，不可将水淋于叶片上。迷迭香对肥料要求不高，只需要在移栽时加入有机肥料即可。

修剪：迷迭香萌芽能力强，若任其生长，不但植株杂乱无形，且容易导致花卉生病，应经常剪去顶端，侧芽萌发后再修剪2次，以保证植株低矮整齐。

移栽：移栽最好在阴天、雨天和早晚阳光不强时进行。

暖心小贴士

收获或修剪迷迭香时，其植株上流出的汁液会很快变成黏胶，很难去除，有些人还会发生过敏反应，采摘时最好戴上手套，并穿上长袖。

荷兰铁

易种指数★★★★☆

科　属: 百合科丝兰属
别　名: 巨丝兰、象脚丝兰
原产地: 北美温暖地区
观赏期: 常年可观叶

🌿 繁殖方式

　　常用扦插的方式繁殖,生长期均可进行,但以春秋季最好。

◆花草简介

　　荷兰铁属常绿观叶木本植物。地栽时其高度可达10米,家养盆栽时多在1~2米间,一般放在较空旷的室内角落。

◆养护心经

　　土壤: 荷兰铁对土壤要求不严,以疏松、富含腐殖质的酸性壤土为佳,可用园土、腐叶土和河沙等量混合成培养土。

　　光照: 荷兰铁生长需要充足的阳光,除盛夏季节应适当遮光外,其余季节可让其在直射光下生长。虽说它喜阳,但也耐阴,只要不过于荫蔽,能适应室内各种不同的光线环境。

　　水肥: 在荷兰铁生长期间,应保持土壤湿润,但避免积水。它对肥料要求不高,只需在其生长旺盛期每月施2次稀薄的液肥。

　　移位: 荷兰铁耐旱,也耐寒,冬天在0℃的环境中依然能正常生长,只要稍稍注意避风即可。

报春花

易种指数★★★★☆

科　属: 报春花科报春花属
别　名: 樱草
原产地: 中国
观赏期: 花期1~5月

繁殖方式

多采用种子繁殖法，随采随播。特殊园艺种可用分株法。

花草简介

报春花属多年生宿根草本花卉，但多作一二年生草花栽培。报春花种类繁多，家庭盆栽多以鄂报春、藏报春为主，花色有红、黄、橙、蓝、紫等颜色。

养护心经

土壤: 报春花原本生长在阴坡或半阴树丛中，因此盆栽时适宜凉爽、湿润、排水性好、富含腐殖质的中性土壤。

光照: 报春花不耐高温和强烈的阳光直晒，即使在寒冷的冬天，也可将其移到半阴处，以保花色鲜艳。上盆初期应适当遮阴。

水肥: 应保持盆土湿润偏干，切忌积水。生长期常施腐熟的饼肥水或复合化肥，可每隔10天1次。花后追施1~2次薄肥。

移位: 冬天要为其提供背风的环境，越冬温度不能低于10℃。

常春藤

易种指数★★★★☆

科　属：五加科常春藤属
别　名：百脚蜈蚣
原产地：欧洲、亚洲、北非
观赏期：四季常绿

繁殖方式

　　常在春、夏、秋三季采用扦插的方式繁殖。

◆花草简介

　　常春藤属常绿攀援藤本植物。枝叶密集，节上有气生根。花朵细小，花期多在5~8月。常见的品种有中华常春藤和洋常春藤。常春藤是净化空气的高手，对多种有害气体的吸收能力很强，适合放在客厅等处。

◆养护心经

　　土壤：常春藤对土壤要求不严，疏松、排水性好的土壤有利生长。

　　光照：极耐阴，也能生长在全日照的环境中，但以在散射光下生长为好。

　　水肥：对水分要求很高，需每天浇水，以保持盆土湿润，还要定期向叶片喷水。对肥料要求不高，每月施用1次复合肥即可。

　　移位：夏天常春藤在室内幽暗的角落也能正常生长，但冬天就要将其移到暖和的阳光处，并保持室内空气不干燥、盆土不湿润，以让其顺利越冬。

非洲紫罗兰

易种指数★★★★☆

科　属:苦苣苔科非洲紫苣苔属
别　名:非洲堇
原产地:东非热带地区
观赏期:花期夏秋两季

繁殖方式

常采用分株、扦插等方式繁殖,叶插法可在5月份进行。

◆花草简介

非洲紫罗兰属多年生草本花卉。植株矮小,全株密被白毛,具极短的地上茎。花期长,花色以蓝色为主,还有白色、紫色、粉色几种,花茎3~4厘米,单瓣或重瓣。非洲紫罗兰为著名的盆栽花卉。

◆养护心经

土壤:在肥沃、疏松、排水良好的土壤中生长较好,可用泥炭土混合蛭石、珍珠岩作为培养土。

光照:非洲紫罗兰喜温暖、湿润、通风、半阴的环境,忌高温,夏季需适当遮阴,避免强光直射,冬季应保证充足阳光。

水肥:浇水时应"见干见湿",尽量控制次数。夏季高温应向四周喷水,以增加湿度,但避免喷到叶面。生长期每周施1次稀薄液肥,开花期应少施氮肥,否则会导致叶茂花少。

移位:生长适温为18~24℃,低于10℃易受冻害,可将其放在室内窗台等通风处越冬。

蟹爪兰

易种指数★★★☆☆

科　属:仙人掌科蟹爪兰属
别　名:蟹爪莲
原产地:南美
观赏期:花期冬季至早春

繁殖方式

　　常用扦插、嫁接等方式繁殖,多在3~4月进行。

◆花草简介

　　蟹爪兰属多年生常绿肉质植物。枝条扁平拱垂,花着生于枝顶。其品种众多,花色也各不相同,以桃红、深红、白、橙、黄等颜色为主。适合种植于窗台或客厅明亮处。

◆养护心经

　　土壤:蟹爪兰盆栽时,要求盆土排水性良好、疏松、透气,最好是用腐叶土、泥炭和粗沙组成的偏酸性混合土。

　　光照:蟹爪兰原本生长在潮湿的山谷中,要求栽培的环境半阴、湿润。但蟹爪兰需接受短日照才能孕蕾开花,因此在开花前,应每天让其接受8~10小时日照。不可频繁改变它的向光位置。

　　水肥:浇水应遵循"见干见湿"的原则,让盆土保持湿润偏干。在蟹爪兰生长期间,可每半个月施肥1次,到开花前再增施1~2次磷钾肥。

　　移位:蟹爪兰的生长适温为18~23℃,开花温度以10~15℃为宜,不超过25℃,越冬温度不低于10℃。开花前应将其搬到室内阴凉、温度较低处,冬天再移到稍暖和处。

滴水观音

易种指数★★★☆☆

科　　属: 天南星科海芋属
别　　名: 海芋
原产地: 中国
观赏期: 花期 4~5月，常年观叶

🌿 繁殖方式

　　夏、秋两季，用分株或根茎扦插的方法繁殖。

▶ 花草简介

　　滴水观音属多年生常绿草本植物。叶大，革质，叶柄粗壮。花期4~5月，花梗成对抽出。滴水观音具有净化空气的作用，但应避免将其搬入卧室莳养。

▶ 养护心经

　　土壤: 滴水观音对土壤要求不高，只要土壤湿润、肥沃即可，家养时以腐叶土、泥炭土和细沙混合的盆栽土最佳。

　　光照: 滴水观音为耐阴植物，喜温暖、稍有遮阴、通风的环境，但花期可不避光，每天应保证3~5小时的直射光照。

　　水肥: 滴水观音能接受"大肥大水"，尤其在生长期可每天浇水，并每隔2周追施1次腐熟液肥；平常季节可4天左右浇1次水，每隔1个月施肥1次。

🌸 暖心小贴士

　　滴水观音滴出的汁液有毒，皮肤触及会有瘙痒感，家中有宝宝或宠物的，应尽量将滴水观音放在高处，并及时清除汁液，以免宝宝或宠物误食。

　　移位: 滴水观音在室温8℃时进入休眠状态，如果冬天不能保证室温在10℃以上，可将滴水观音短截，停止浇水，让其自然进入休眠期，顺利越冬。

孔雀竹芋

易种指数★★★☆☆

科　　属:竹芋科肖竹芋属
别　　名:五色葛郁金
原产地:美洲
观赏期:四季可观叶

繁殖方式

多用分株的方式繁殖，一般在春末夏初进行。

花草简介

孔雀竹芋属多年生常绿草本观叶植物，叶面银绿色，叶背紫红色。其叶片有"睡眠运动"的功能，即在夜间叶片会自动卷起，到第二天受阳光照耀后重新舒展开。孔雀竹芋有净化空气的作用。

养护心经

土壤: 孔雀竹芋喜疏松、肥沃、排水良好的微酸性土壤，家养时可用腐叶土、泥炭、锯末、泥沙等混合成培养土栽培，若在底部加上少量腐熟饼肥做基肥效果更好。

光照: 孔雀竹芋喜半阴、湿润的环境，生长期应尽量将其放在避光、通风处，每隔半个月再将其移到散射光下1~2个小时。

水肥: 在孔雀竹芋生长期间，应给予足够的水分，高温时节除要给根部浇水外，还应经常向叶片喷水。生长期可每隔20天施1次稀薄的液肥，平时多用稀释的氮肥喷洒叶面。

移位: 当季节转换、早晚温差太大时，应进行保温保湿，并保持冬季室内温度不低于15℃，否则会出现叶片暗黄、萎缩的现象。

鹅掌柴

易种指数★★★☆☆

科　属：五加科鹅掌柴属
别　名：鸭脚木
原产地：澳大利亚
观赏期：四季可观叶

🐟 **繁殖方式**

多采用扦插的方式繁殖，可在春季结合修剪进行。

◆ **花草简介**

鹅掌柴属常绿蔓生灌木或小乔木。鹅掌柴品种繁多，家庭盆栽时以花叶鹅掌柴最为常见，叶片上具有不规则黄白色斑块。鹅掌柴耐阴性较强，但光线不足易使斑纹变淡，适宜放在客厅、书房。

◆ **养护心经**

土壤：鹅掌柴对土壤要求不严，但以肥沃、透水的沙壤土最佳。

光照：鹅掌柴喜半阴的环境，但忌强光直射，夏季时应遮去70%左右的强光，冬季则可将其暴露在明亮光线处。

水肥：鹅掌柴喜湿润的环境，但对干燥的环境也有较强的适应能力。在生长期可经常浇水，不过要避免盆内积水，每月施1~2次腐熟肥。

移位：鹅掌柴生长适温为20~30℃，冬季最低温度应保持在5℃左右，0℃以下叶片易出现脱落、冻伤等情况，可以用塑料薄膜套住植株，并将其移到温暖、避风处。

仙客来

易种指数★★★☆☆

科　属：报春花科仙客来属
别　名：兔子花
原产地：欧洲南部
观赏期：花期 12 月至翌年 5 月

养殖方式

多采用播种的方式繁殖，时间宜在 9 月上旬。

◆ **花草简介**

仙客来属多年生宿根草本花卉，因其花朵硕大，形如兔耳，故又名兔子花。仙客来多在冬春季节开放，尤其适合放在客厅等显眼处。杂交品种花色众多，基部常具深红色斑。但其根茎部有一定毒性，应尽量避免与皮肤直接接触。

◆ **养护心经**

土壤：仙客来不耐寒、怕酷热，要求土壤疏松、肥沃、排水良好、富含腐殖质，尤以酸性沙质土壤为宜，可选用泥炭与珍珠岩的混合基质。

光照：仙客来喜凉爽、阳光充足的环境，但忌强光直射。光线不足时会影响其花色，最好能给予充足的散射光。

水肥：在仙客来生长期，要保证其有70%左右的空气湿度，盆土以湿润为主，应每天浇水；生长期可每周或10天施1次稀薄液肥，花前再追施2次液肥，花期停止施肥，花后继续。

移位：仙客来的生长适温为18~20℃，温度过高或过低，都不利于花卉生长，气温达到30℃植株会进入休眠状态甚至引起腐烂，低于5℃则出现冻害，因此夏季应注意通风降温，冬天应避风保暖。

果子蔓

易种指数★★★☆☆

科　属: 凤梨科果子蔓属
别　名: 擎天凤梨
原产地: 美洲
观赏期: 花期夏季

繁殖方式

　　采用分株的方式繁殖, 多在春季花后进行。

◆花草简介

　　果子蔓为多年生草本花卉。果子蔓品种繁多, 花色随品种各异, 花苞色彩艳丽, 花期持久, 观赏期可达2个月。盆栽时适合放在窗台、客厅的茶几、书房的书桌上做点缀, 当然, 放在玄关处也会有不错的修饰作用。

◆养护心经

　　土壤: 果子蔓根部喜湿润的环境, 要求土壤肥沃、疏松和排水性好, 最好是以腐叶土和泥炭土混合而成的培养土, 也适宜无土栽培。

　　光照: 果子蔓对光照适应性强, 能耐半阴, 除夏天要适当遮阴外, 其余时间都应正常地接受光照。在开花前保证每天至少有4小时的直射光照, 以使其花朵颜色更加鲜艳。

　　水肥: 果子蔓对水分的要求较高, 除要保持盆土湿润外, 还应经常喷水; 在其生长期, 应每隔半个月施肥1次。

　　移位: 果子蔓生长适温为15~30℃, 冬季温度低于15℃, 植株停止生长, 低于10℃则易受冻害, 可将其从通风的窗台正面移到避风处。

卡特兰

易种指数★★★☆☆

科　　属: 兰科卡特兰属
别　　名: 嘉德丽亚兰
原产地: 热带美洲
观赏期: 花期5~6月或
　　　　10~11月

繁殖方式

　常于春季或花后进行分株繁殖。

◆花草简介

卡特兰属多年生常绿附生草本花卉，常附生于林中树上或林下岩石上。其花朵硕大，花色鲜艳多变，素有"洋兰之王"的美称。一年开花1~2次，花朵能维持3~4周不谢。

◆养护心经

土壤: 卡特兰属气根，对环境要求很高，最重要的是要求土质肥沃、透气性强，可用腐叶、蛭石、木炭、碎石等混合成培养土。

光照: 卡特兰喜半阴的环境，在春夏秋三季，可将其放在半透光的室内，但不可长期不让其见光，光线太强和太弱都会导致植株生长停止。

水肥: 卡特兰茎叶肥厚，气根旺盛，耐干旱，可十天半个月浇1次水。忌盆内积水，并保持空气流通。每半个月追施稀薄的液肥1次，以保证花朵正常开放。花期及休眠期停止施肥。

移位: 卡特兰冬天几乎停止生长，低于8℃易发生寒害。即使是冬天，也要保证空气中有70%左右的相对湿度，否则其叶片会逐步凋谢。

瑞香

易种指数★★★☆☆

科　　属: 瑞香科瑞香属
别　　名: 睡香、瑞兰
原产地: 中国
观赏期: 花期1~3月

繁殖方式

瑞香的繁殖以扦插为主，春、夏、秋三季皆可进行，其中以梅雨季节最好。

◆花草简介

瑞香属常绿灌木。瑞香是我国最古老的名花之一，叶片颜色浓郁，花朵素雅芳香，堪称"花中之珍、园艺之宝"。瑞香的花期多在1~3月，其花朵虽小，却锦簇成团，由外向内开放，具有很高的观赏性。

◆养护心经

土壤: 瑞香喜富含腐殖质的肥沃土壤，土壤不可过干或过湿。另外，因为瑞香的根为肉质根，且有特殊香味，易遭受蚯蚓、蚂蚁的危害，所以要经常翻土，做好防治措施。

光照: 瑞香性喜温暖、阴凉的环境，惧怕烈日直射。高温干燥季节应注意遮阴，经常向植株周围喷水降温；秋冬季节应逐步移到光照直射处，有利开花。

水肥: 按照"见干见湿"的原则浇水，切忌过干或过湿，否则会影响花卉长势。在其生长季节可施稀薄、腐熟的饼肥水，每月2次，并在冬天施足基肥，有助安全越冬。

移位: 瑞香不耐寒，越冬季节应移到温暖的室内，并保证室温不低于5℃。

金钱树

易种指数★★★☆☆

科　　属：天南星科雪铁芋属
别　　名：金币树、雪铁竽
原产地：非洲东部
观赏期：常年可观叶

🪴 **繁殖方式**

常用分株的方式繁殖，可在春季结合换盆进行。

◆ **花草简介**

　　金钱树是以观叶为主的常绿草本植物。植株高20~30厘米，叶片呈椭圆形，羽状螺旋生长，像一串串铜钱，很具观赏价值。金钱树也会开浅绿色的小花，由于花朵不显眼，其观赏性不如叶片高，花期约20天。

◆ **养护心经**

　　土壤：金钱树忌土壤黏重和盆内积水，要求土壤疏松肥沃、排水性好，呈微酸性，栽培基质多用泥炭、粗沙、煤渣和少量园土混合而成。

　　光照：金钱树喜温暖略干燥、半阴的环境，喜光但忌强光直接照射，夏季应避开烈日暴晒，其余季节可让其接受柔和直射光。

　　水肥：金钱树有较强的抗旱性，因此应努力为其营造一个湿润偏干的环境。平常注意给叶片喷水，并保持盆土稍湿润即可。金钱树喜肥，生长季节可每半个月施稀薄的饼肥水1次，当气温降至15℃以下后，为了能让其安全越冬，应停止施肥。

　　移位：夏季可将金钱树移至室内阴暗的角落，早晚让其见光即可；冬季应将它置于光线充足的窗台上，而不要让它继续留在荫蔽处，否则会导致叶色发黄，影响观赏性。

石斛兰

易种指数★★★☆☆

科　属: 兰科石斛属
别　名: 吊兰花
原产地: 亚洲热带地区
观赏期: 花期春石斛 4~6 月,
　　　　秋石斛 9~10 月

繁殖方式

家庭盆栽常采用分株和扦插的方式繁殖。

花草简介

石斛兰是我国古文献中最早记载的兰科植物之一, 被列为上品中药。因其花姿优美, 种类繁多, 花期悠长, 深受人们喜爱。石斛兰分为两种, 一种是春石斛 (落叶石斛), 花期多在春天, 花期约20天; 一种是秋石斛 (常绿石斛), 常在秋季开花, 花期可超过1个月。

养护心经

土壤: 石斛兰对土壤要求不高, 只要土壤疏松、透气即可, 可用蕨根、苔藓或树皮块混合做成基质。

光照: 原始的石斛兰附生在热带雨林中的树干或岩石上, 喜欢半阴的环境。惧怕强烈的光照, 夏秋季节可遮光70%, 而冬春休眠期则需要较多的光照, 一般只需遮光30%即可。

水肥: 石斛兰忌干燥, 但又怕积水, 因此只要保持盆土湿润即可, 浇水可按照"见干见湿"的原则, 并经常往地面喷水, 保持较高的空气湿度。石斛兰喜薄肥勤施, 生长期间可每隔7~10天施1次腐熟的饼肥水, 至休眠期停止。

兜兰

易种指数★★★☆☆

科　属：兰科兜兰属
别　名：拖鞋兰
原产地：热带及亚热带地区
观赏期：花期夏秋季

繁殖方式

以分株的繁殖方式为主，常在4~5月结合换盆进行。

花草简介

兜兰为多年生常绿草本植物，属地生兰类。兜兰按形态分为绿叶种和斑叶种两大类，绿叶种叶片全绿，原生高山地区，不易在平地上栽种；斑叶种在平地上可正常开花，花期多在夏秋季，花朵开放持续时间长，短则3~4周，长则5~8周，有时甚至会更长。其花色丰富，花朵艳丽，为著名的室内盆栽花卉。

养护心经

土壤：兜兰根部和其他兰类不同，它是一条布满毛须的根条，要求土壤透气性好、锁水性高、土质疏松肥沃。可用水苔、木屑、泥炭土等混合做基质，用碎石或砖块垫底。

光照：兜兰喜半阴环境，对于光照的要求类似蝴蝶兰，不喜强光，可四季遮光，只给予少量柔和光照即可。但要求通风环境好，不要置于室内的墙窗，也不宜吊挂培养，以免影响其生长。

水肥：兜兰喜欢盆土保持湿润的状态，但忌周围空气湿度过高，每天只需要给予根部少量的水，无需对叶片喷水。兜兰对盐分敏感，平时可少施肥或不施肥，只在其生长旺盛期施稀薄的液肥。

移位：绿叶种对温度要求很高，只在12~18℃时正常生长；斑叶种条件相对较宽松，在15~25℃都能正常生长。当温度升至30℃时进入休眠期，停止生长。越冬温度应不低于10℃，否则易引起冻害。

绿宝石

易种指数★★★★☆

科　属：天南星科喜林芋属
别　名：长心叶蔓绿绒、绿宝
　　　　石喜林芋
原产地：南非
观赏期：常年可观叶

繁殖方式

多采用扦插的方式繁殖，常在4~8月间进行。高温季节扦插很容易生根。

◆花草简介

绿宝石为多年生常绿蔓性藤本观叶植物。绿宝石耐阴性极强，株型整齐，适合放在室内客厅、书房、健身室等处，作为大中型植物的点缀花卉栽培，可形成一片绿荫，富有热带气息。

◆养护心经

土壤： 绿宝石喜富含腐殖质且排水性好的壤土，以微酸性为好，一般可用腐叶土、园土、泥炭土以1：1：1的比例，掺杂少量河沙和基肥配置而成。生长期间每月浇1次硫酸亚铁以改善土质。

光照： 绿宝石性喜温暖、湿润和半阴的环境，需要明亮的光线，但惧怕强光直射，一般需要遮光50%~60%。它也可以忍受室内阴暗的环境，不过长时间光线不足，易引起花枝徒长，不利观赏。春秋季放于室内任何地方皆可，夏天注意避光，冬天可放于窗台前养护。

水肥： 绿宝石喜高温多湿环境，因此要保持盆土的湿润。一般春夏季每天浇水1次，秋季可3~5天浇1次，冬天只需保持盆土湿润即可。尤其在夏季不能缺水，可经常向叶面喷水。但同时也要避免盆土积水，否则易导致叶片发黄。肥料以氮肥为主，一般每半个月1次，可叶面喷施，秋冬季节停止施肥。

防病： 在空气不流通时易得叶斑病，初期表现为叶面上有淡绿色水渍状小斑点，后扩散成不规则褐色斑点。应及时摘除病叶，同时喷洒多菌灵800倍液。

莺歌凤梨

易种指数★★★★★

科　　属：凤梨科丽穗凤梨属
别　　名：珊瑚花凤梨、黄金玉扇
原产地：巴西
观赏期：花期6~8月

繁殖方式

莺歌凤梨生性强健，容易栽培，大多采用幼株扦插的方式繁殖，常在春天气温升至20℃以上时进行。

◆花草简介

莺歌凤梨属多年生附生型草本植物。其叶片和花苞的观赏性高，叶片鲜绿明亮，并附有明显的彩色斑纹；花苞自叶片丛中抽生而出，红黄两种花色非常夺目。莺歌凤梨植株小巧玲珑，无论是置于茶几、花架上，还是置于案头、书桌上，都是养花珍稀佳品，花期6~8月，可保持1~2个月的观赏期。

◆养护心经

土壤：莺歌凤梨对土质要求很高，应选用疏松、透气、排水性好的壤土作为培养土，如果能用蕨根块、腐叶土及泥炭土混合调整基质则更好。要求每年换土1次，并补充适量肥料。

光照：莺歌凤梨生长适宜温度在20~30℃，生长期除夏天需要遮阴外，其余季节都应尽量让其多接受阳光照射。每天早晚至少保证有3~4小时的光照，否则不会开花。

水肥：莺歌凤梨不耐干旱，需要充分浇水，盛夏时甚至可以每天浇水2次。此外，还需经常向叶面喷水，提高空气湿度，以免干燥引起卷叶。肥料应薄肥勤施，一般每月施2~3次稀薄的液肥即可。

移位：莺歌凤梨冬天应放在光线明亮的窗台上越冬，并保持室温在15℃以上，这样植株仍可继续生长。最低室温不要低于10℃。

大花蕙兰

易种指数★★★☆☆

科　属: 兰科兰属
别　名: 虎头兰
原产地: 印度、泰国、越南、
　　　　中国南部
观赏期: 花期多在冬季

繁殖方式

家庭栽培多用分株法和播种法繁殖，并与换盆同时进行。

◆花草简介

如今广泛栽培的大花蕙兰多为杂交品种，属多年生常绿附生草本植物。大花蕙兰叶片呈绿色，形状窄长如剑；花朵大且呈簇状着生在花茎上，花色众多，有白、黄、浅绿、粉红、桃红色等。

◆养护心经

土壤: 大花蕙兰要求土壤的排水性良好，家养盆栽时，应选用颗粒较大的培养基质，如蛭石、椰糠、树皮块、碎砖粒、陶粒、水苔和泥炭土等混合而成的培养土。

光照: 大花蕙兰多生于溪沟边或树林下的半阴环境中，耐阴但很喜光，光照对花朵的艳丽程度的影响极其显著。因此，除夏天应对其进行遮光外，其余季节可让它多见阳光。

水肥: 大花蕙花怕干不怕湿，忌积水。对水质要求高，喜欢微酸性水，雨水是最理想的灌溉水。在冬天可3~5天浇1次水，盆土以偏干为好，从春天开始浇水量可逐步增加，至夏天每天浇水1次。秋季适当控水。肥料多采用稀释过的复合肥，每半个月施1次，至冬天停止施肥。

温度: 大花蕙兰对温度很敏感，最佳生长适温在25~27℃，冬季不能低于10℃，否则会使花期推迟，或影响开花质量；夏季高于29.5℃，就会提前开花，但花茎却往往不能直立。

文心兰

易种指数★★★☆☆

科　属：兰科文心兰属
别　名：跳舞兰
原产地：美洲
观赏期：花期秋冬季

 繁殖方式

　　文心兰多采用分株法繁殖，常在春秋两季结合换盆进行。

花草简介

　　文心兰为多年生草本附生兰。其植株轻巧，花茎轻盈，花朵可爱，酷似飞翔的蝴蝶，极富动感，非常适合家庭栽培。根据文心兰的叶片厚度，可将其分成厚叶型、薄叶型和剑叶型3种，其中厚叶型文心兰耐粗养，薄叶型文心兰和剑叶型文心兰多放在室内栽培。

养护心经

　　土壤：文心兰盆栽时，对土壤的要求和蝴蝶兰很相似，喜欢通风、排水性好的土壤。可先采用碎石或砖瓦垫至花盆底部1/3的高度，以利排水和通气。之后再覆盖上用水苔、细蛇木屑、木炭、珍珠岩、碎砖块、泥炭土等混合而成的培养土。

　　光照：文心兰喜欢柔和的散射光，一般夏季需遮光50%~60%，冬季遮光20%~30%。不能整天将文心兰置于荫蔽处，否则光线不足会导致叶片生长不良，开花量减少。

　　水肥：文心兰喜欢较高的空气湿度，除浇水增加基质湿度以外，叶面和地面喷水也很重要，增加空气湿度对叶片和花茎的生长更有利。生长期间可每2~3周施1次液肥，根部和叶片喷洒都可。

　　换盆：文心兰栽培至2~3年时，植株逐渐长大，根系过满，就需要换盆。没有开花的植株，可选择在生长期前进行，如早春或秋后天气凉爽时。

大岩桐

易种指数★★★☆☆

科　　属: 苦苣苔科大岩桐属
别　　名: 落雪泥
原产地: 巴西
观赏期: 花期春秋季

繁殖方式

可用播种、叶插、枝插和分球茎等方法繁殖。

▶花草简介

大岩桐为多年生草本花卉，在我国有"洋牡丹"之称。大岩桐叶茂翠绿，花朵姹紫嫣红，是著名的室内盆栽花卉。花色众多，有粉红、红、紫蓝、白、复色等，花期可长达数月之久，用来烘托节日气氛或装扮居室都是不错的选择。

▶养护心经

土壤: 大岩桐喜肥沃疏松、保水良好的微酸性土壤，常用腐叶土、粗沙和蛭石的混合基质。

光照: 大岩桐属强阴性植物，喜温暖、潮湿的半阴环境，有一定的抗炎热能力，但惧怕阳光直射，23℃左右有利开花。因此生长期间最好只给予其柔和的散射光。

水肥: 大岩桐喜湿润的环境，但忌大水，可每天根据土壤干湿程度浇水1~2次。大岩桐喜肥，从叶片生长到开花，可每隔十天半个月施薄肥1次。但要注意，其叶面上有许多绒毛，尽量不要让肥水溅到叶片，否则会引起叶片腐烂。

移位: 大岩桐不耐寒，冬天其叶片会逐渐枯死而进入休眠期。为了保护地下根茎，可将其挖出储藏在阴凉干燥的沙土中越冬。待到第二年春暖时，再用新土栽培即可。

散尾葵

易种指数★★★☆☆

科　　属:棕榈科散尾葵属
别　　名:黄椰子
原产地:马达加斯加
观赏期:四季常绿

繁殖方式

以分株法最为常见，多在春末夏初结合换盆进行，每丛至少留2株以上。

◆花草简介

散尾葵为丛生型常绿灌木或小乔木，基部分叶较多，且叶片呈丛生状生长，叶痕明显，像竹节一般。花朵细小呈金黄色，花期多在3~4月，橙黄色的果实近圆形，其叶、花、果都具有一定的观赏性。

◆养护心经

土壤:盆栽的散尾葵对土壤要求不严格，但以在疏松、排水良好、富含腐殖质的土壤中长势最好。可用腐叶土、泥炭土、河沙、基肥等混合调配成基质。

光照:散尾葵性喜温暖湿润且通风良好的环境，不耐寒，较耐阴，惧怕强光照射。春、夏、秋三季应遮阴50%。在室内栽培时最好能置于散射光处，有助保持较高的观赏性。

水肥:散尾葵在生长季节对水肥要求很高，5~10月是其生长旺盛期，可经常向植株周围喷洒水雾，每天往根部浇水1次，但切忌盆内积水，以免引起烂根。每半个月施1次腐熟液肥或复合肥，以促进植株旺盛生长。

移位:散尾葵不耐寒，怕霜冻，冬天一般在10℃以上的环境中越冬。温度太低，叶片就会泛黄，并易导致根部受损，影响来年生长。

袖珍椰子

易种指数★★★☆☆

科　　属: 棕榈科袖珍椰子属
别　　名: 矮生椰子
原产地: 墨西哥、危地马拉
观赏期: 常年可观叶

繁殖方式

常用分株的方式繁殖，多在生长期进行。

◆花草简介

袖珍椰子属常绿矮灌木或小乔木，盆栽高度一般不超过1米。茎直立，不分枝，叶片由顶部生出。其株型酷似热带椰子树，小巧玲珑，美观别致。因它具有极强的耐阴性，适合当做室内中小型盆栽，无论是放在客厅的茶几上，还是书房的桌子上，或是会议室的角落，都能增添不少的热带韵味。

◆养护心经

土壤: 袖珍椰子要求土壤排水性好、湿润、土质肥沃，家庭盆栽时常可用腐叶土、泥炭土、河沙和少量基肥混合作基质。

光照: 袖珍椰子喜温暖、湿润、半阴的环境，在烈日直接照射下叶片会变淡或发黄，失去观赏价值。其最佳生长温度是20~30℃，低于13℃时自动进入休眠期。

水肥: 袖珍椰子对水肥要求不高，一般只要盆土经常保持湿润即可，夏秋季节空气干燥时还可经常对植株喷水。生长旺盛期每月施稀薄液肥1~2次即可，定期喷施磷钾肥，秋末和冬季可少施肥或不施肥。

防病: 袖珍椰子在高温高湿条件下易发生褐斑病，应及时喷施百菌灵防治；在空气干燥、通风不良的情况下，易出现介壳虫为害，可喷洒氧化乐果防治。

第七章

庭院花卉，
营造私密花园

如果是住在平房或是楼层较低的人家，通常都会有个小庭院。庭院内面积宽敞，风和日丽，比楼房阳台养花条件又要优越很多。但如何能让庭院看起来整齐有序，生机盎然呢？

要会整体规划

首先要对庭院有个合理的规划，否则庭院内的花草再多，也只会让人觉得杂乱无章，毫无情趣可言。比如，当庭院较小时，可沿着栅栏种植植物，然后在庭院的中间点缀几种盆花，就会呈现出花坛式庭院的感觉。如果庭院面积够大，还可修建专门的花坛、假山、水池等，让庭院看起来更有自然情趣。

根据环境决定品种

要根据自己的兴趣爱好和庭院周围的环境，来决定庭院内花草的品种。当庭院较小时，可种植些中小型花卉，如芍药、铃兰、鸢尾等，而不宜栽大树，以免遮住室内光线。而当庭院面积广阔时，可种植一些丁香花、桂花等大树木，然后配上薰衣草、薄荷等，做到高矮搭配，四季交替有花。当然，还可有些别致创意，比如在庭院中间，用防腐木或竹子搭建一条走廊，两边种上些攀爬的植物如紫藤等，美观又别致，为庭院增加浪漫感觉。

注意正确养护

注意做好庭院花卉的养护工作。这里的养护，除了正常时间的浇水、施肥、除草、修剪外，更重要的是保暖防冻。大多庭院花卉能耐高温，但对于低温却束手无策，这时，可相应采取给树干刷白、覆草、埋土、搭挡风墙等措施，有时甚至要将花卉挖起收藏，待第二年春天再移出种植。

芍药

易种指数★★★★★

科　属: 芍药科芍药属
别　名: 离草、红药
原产地: 中国
观赏期: 花期 5~6 月

　繁殖方式

　　通常以分株繁殖为主。分株期以 9 月下旬至 10 月上旬为宜。

◆花草简介

　　芍药属多年生宿根草本花卉。花朵大且美,长相酷似牡丹,花色众多,纯白、微红、深红、金黄等。立夏前后开花,花朵持续时间较短,通常只有8~10天。

◆养护心经

　　土壤: 芍药喜偏干燥的土壤,在肥沃、排水性好的沙质土壤中长势最好,地栽时应经常中耕除草,并让土壤始终保持在中性或微酸性状态。

　　光照: 芍药耐寒,耐旱,也耐阴,喜冬暖夏凉的环境,具有强烈的向阳性,但忌烈日暴晒。

　　水肥: 芍药需水肥量大,通常将浇水和施肥结合进行,花前1个月和花后半个月各浇1次水和肥,现蕾后再施1次速效性磷肥。

　　修剪: 孕蕾时只保留顶端花蕾,侧枝花蕾一概去除;花谢后,应及时摘去花梗,并保证整个生长季至少除草10次以上。

玉簪

易种指数★★★★★

科　属:百合科玉簪属
别　名:白鹤花、玉春棒
原产地:中国、日本
观赏期:花期 7~9 月

繁殖方式

　　一般用分株和播种的方法繁殖,时间最好是 3~4 月、10~11 月。

◆花草简介

　　玉簪为多年生宿根草本植物,具有独特的耐阴性,可将其放在庭院的墙根、树下等少有阳光的地方。玉簪的叶片清秀,花色洁白,能散发淡淡的香气,常在夜晚开放。

◆养护心经

　　土壤:玉簪喜阴湿的环境,对土壤要求不高,耐瘠薄、寒冷的土地,但在肥沃、排水性良好的土壤中生长更好。

　　光照:生长期以不受阳光直射的荫蔽处为好,到开花前,再给予适当散射光即可。

　　水肥:玉簪生长期间,水肥需适量,浇水以土壤湿润为好,不宜积水。施肥从新芽萌发后开始,淡肥勤施,以后每半个月追施液肥1次,花期停止施肥,入秋后继续追施液肥,直至地上部枯萎为止。

　　修剪:当基部出现黄叶时,应及时摘除,以保持植株总是青枝绿叶。

金鱼草

易种指数★★★★★

科　属：车前科金鱼草属
别　名：龙头花
原产地：地中海沿岸
观赏期：花期 5~10 月

繁殖方式

常采用播种法繁殖，时间多在9月中旬，可不必覆土。

◆**花草简介**

金鱼草因整个花冠酷似金鱼的头和嘴而得名，是多年生草本植物，但常作一二年生草花栽培，花色丰富。植株的高度大多在20~90厘米，宜放在栅栏边上栽种。

◆**养护心经**

土壤：宜用肥沃、疏松、排水良好的微酸性沙质壤土，地栽时可先施入一些有机肥料。

光照：金鱼草喜光，但不耐热，高温会抑制其生长。春夏秋三季可放在散射光较强的避风处，冬季可增加直射光。

水肥：金鱼草对水分很敏感，根部需保持湿润，又忌土壤积水，雨季要注意防涝。可每10天施1次稀液肥。施肥前应松土除草。

修剪：在幼苗10厘米、20厘米时摘心，花后剪去相应枝条。

防冻：金鱼草的生长适温为16~25℃，冬天最好将其移入室内，地栽时用稻草将其基部包裹起来。

珊瑚樱

易种指数★★★★★

科　属:茄科茄属
别　名:四季果
原产地:美洲热带
观赏期:花期7~9月,果熟
　　　期11月至翌年2月

🪣 **繁殖方式**

播种繁殖,宜先在春季的室内盆播,待长出叶片后再定植至庭院。

❯花草简介

珊瑚樱为常绿亚灌木,常作一年生栽培。花朵较小,浆果,可随季节从绿色变成红色,最后变成橙黄色,能留在枝上经久不落。

❯养护心经

土壤:珊瑚樱耐干旱,要求土层深厚、肥沃、疏松、排水性好、富含腐殖质。

光照:珊瑚樱喜阳光,即使盛夏也不必遮阴,每天至少应保证有4小时的直射光,最好放在庭院中有西晒的地方。

水肥:生长期浇水以湿润偏干为好,谨防阵雨淋浇,入冬后减少浇水量。在其生长旺盛期,可每月施1次腐熟液肥,开花前追施1次磷肥。

移位:珊瑚樱生长适温为10~25℃,最好在9月带土上盆,10月下旬移入室内栽培,保持室温不低于5℃,方可安全越冬。

鸢尾

易种指数★★★★★

科　属: 鸢尾科鸢尾属
别　名: 蓝蝴蝶、扁竹花
原产地: 中国、日本
观赏期: 花期4~6月

繁殖方式

多采用分株、播种繁殖法，春季花后或秋季都可进行分株。

花草简介

鸢尾为多年生宿根草本花卉，地下具有多节粗短匍匐根茎。花朵像蝴蝶，花色有蓝、紫、黄、白、淡红等多种。

养护心经

土壤: 鸢尾对土壤要求不高，但以在排水性好、保湿性强的微酸性土壤最好，家庭地栽时，可在地下25厘米处撒上草木灰、粗沙等。

光照: 鸢尾对光照适应能力极强，在长日照或短日照下都能生长良好，且不畏强光直射，耐阴性也强。因此，无论将其放在庭院的哪个角落，它都能存活。

水肥: 鸢尾对水需求量大，能耐水湿，可经常浇水以保持土壤湿润。对肥料的需求，除了基肥充足外，还要在每年秋季施液肥1次。

防冻: 鸢尾耐寒性强，即使重霜后地上茎叶也不会完全枯死，南方栽培不用对其做任何防冻措施。

铃兰

易种指数★★★★★

科　　属:百合科铃兰属
别　　名:君影草
原产地:北半球温带
观赏期:花期 4~5 月

繁殖方式

　常用分株繁殖,于秋季分割带芽的根状茎栽种。

>花草简介

　　铃兰为多年生草本植物,地下根状茎多分枝。铃兰的花朵乳白色、细小,总是生长于花茎顶端的一侧,悬挂如铃铛串,很是别致,且开花时节有淡淡花香,沁人心脾。浆果呈红色球状。

>养护心经

　　土壤:要求富含腐殖质、排水良好的偏酸性沙质壤土,但在中性和微碱性的土壤中也能正常生长。

　　光照:铃兰多生长在深山幽谷中,喜凉爽、湿润及散射光充足的环境,耐寒性强,忌炎热干燥,可将其栽种在庭院的大树下、墙边。

　　水肥:铃兰对水肥需求度很高,春季萌芽后,应每隔15天左右浇1次稀释的腐熟饼肥,花前、花谢后、入冬前各施1次稀液肥。施肥后及时浇水。

　　防冻:待晚秋时节地上部分枯萎后,可用干草或细土盖住根部地面防霜冻。

薄荷

易种指数★★★★★

科　　属：唇形科薄荷属
别　　名：仁丹草
原产地：地中海沿岸及西亚
观赏期：观叶为主

繁殖方式

常用分株、扦插法繁殖，一般以春季至夏季生长季节为佳。

◆花草简介

薄荷为多年生宿根性草本植物。薄荷地下根茎横生，全株具有特殊芳香。花期多在7月中旬至8月中旬，开花时遵循"由下而上"的顺序进行，因此开花时间可长达20~30天。

◆养护心经

土壤：薄荷对土壤适应性强，除过酸的土壤外，在其余的土壤中都能正常生长，尤其以土层深厚、肥沃的沙壤土最适合。

光照：薄荷植株喜温暖、散射光线充足、干燥的环境，既耐旱也耐寒，既耐阴也耐日晒。庭院栽种时，可与其他花卉套作栽种，节约庭院空间。

水肥：薄荷根部喜湿润，但不耐涝，地栽时可尽量控制浇水次数。苗期少施肥，分枝多施。肥料以氮肥为主，每次中耕除草时都可追施1次，配合磷钾肥使用，效果更好。

修剪：薄荷植株生长极快，随时可采下食用，而且越摘植株越繁茂。为使枝叶不互相遮光，要及时引导茎部生长方向。

牵牛花

易种指数★★★★★

科　　属：旋花科牵牛属
别　　名：子午花、喇叭花
原产地：热带美洲
观赏期：花期6~9月

繁殖方式

采用播种繁殖，在4月下旬露地直播，1周左右即可出苗。

◆花草简介

牵牛花属一年生草本花卉。夏秋两季开花，花朵由蓝紫色渐变成淡紫色或粉红色。因茎叶具缠绕性，可将其种在庭院的篱笆、棚架上，使之茎蔓攀援。

◆养护心经

土壤：牵牛花对土壤要求不高，能耐干旱和瘠薄，在中性土、微酸性土中均能生长，但以在湿润肥沃、土层深厚、排水良好的中性土壤中生长最好。

光照：牵牛花具有较强向阳性，通常清晨开花，不到中午就萎缩凋谢，属典型的短日照花卉。地栽时最好种在庭院的东边，只让它接受早上的阳光。

水肥：牵牛花不耐寒，根部需温暖的环境才能生长，要避免直接用冷水浇花，以免降低土壤温度。牵牛花不怕重肥，但氮肥不宜过多，定植后可每隔15天施肥一次。

修剪：在主蔓上长出7~8片叶子时，应对牵牛花摘心；待长出3个支蔓后进行第二次摘心。待花苞长成后，应摘去多余的花苞；开花后及时摘去残花败叶。

桂花

易种指数★★★★☆

科　属：木樨科木樨属
别　名：岩桂
原产地：中国
观赏期：花期 9~10 月

🪴 **繁殖方式**

　　可采用压条、嫁接、扦插等方法繁殖。

◆ **花草简介**

　　桂花为常绿小乔木，花朵细小，但香气清幽。桂花品种很多，金桂、银桂、丹桂、四季桂等，因金桂香气最浓郁，开花也最多，家庭栽培多以金桂为主。

◆ **养护心经**

　　土壤：桂花对土壤没有过多要求，除碱性土或排水不畅的低谷地，在一般土壤中均能正常生长，但以土层深厚、排水性好的微酸性沙质土最适宜。

　　光照：桂花喜温暖的环境，耐高温，稍能耐阴，每天要求至少有6~8小时的直射光照，夏季也可不必遮阴。

　　水肥：桂花喜干燥，除移栽时注意根部保湿外，不需要频繁浇水。但桂花对肥料需求度很高，应在每年6月、9月、12月和开花前各施肥1次。

　　防冻：冬天桂花耐0~5℃的室外低温，只需给予充足的光照，不要追施肥料，适当用干草覆盖根部即可。

栀子花

易种指数★★★★☆

科　　属:茜草科栀子属
别　　名:山栀、黄栀子
原产地:中国西南部
观赏期:花期5~7月

繁殖方式

常用扦插、播种等方法繁殖,一般在初春时进行。

花草简介

栀子花属常绿灌木或小乔木。家庭种植一般为重瓣的大花栀子。花色洁白,香气四溢,适合放在庭院的正中央,作为盆景观赏。

养护心经

土壤:栀子花是典型的酸性土植物,在疏松、肥沃、排水良好的土壤中生长最好。平时浇水时,可经常在水中加入20%的硫酸亚铁,以防止土壤碱性化。

光照:栀子花较耐阴,但在阳光充足的地方长势更好,因此,除7~8月中午和冬天休眠期需遮阴外,其他时间都应放在直射阳光下养护。

水肥:栀子花喜湿润的土壤和较大的空气湿度,怕积水,应见土干即浇水,晚上还可向叶面淋水浇施。栀子花喜肥,开花前应每隔7~9天,施1次稀薄的液肥。35℃以上高温和15℃以下低温,都应停止施肥。

修剪:栀子花要经常修剪,才能保证其株型和花朵俏丽,每年5月和7月都可进行疏枝,隔4~5年进行一次大幅度短截。

薰衣草

易种指数★★★★☆

科　属: 唇形科薰衣草属
别　名: 爱情草、香浴草
原产地: 地中海沿岸
观赏期: 花期6~8月

繁殖方式

　　常用播种、扦插法繁殖，一般在春季进行。

▶花草简介

　　薰衣草属多年生常绿灌木。全株略带清淡香气，有"芳香药草之后"的美誉。花色主要有深蓝、深紫、粉红、纯白等几种。

▶养护心经

　　土壤：薰衣草对土壤要求不严，能耐瘠薄，喜中性和略偏碱性的土壤，不能忍受土壤积水，地栽时应注意防涝。

　　光照：薰衣草在长日照和中日照下都能生长良好，但以长日照环境最佳。薰衣草不耐暴晒，夏季应遮去50%的直射光。

　　水肥：薰衣草对水分要求不高，根部喜干燥，地栽时应待表土干燥后再浇透水。但要及时中耕除草，然后每次辅助施稀薄的液肥。

　　修剪：在栽培初期，可将薰衣草用大剪刀修剪平整，使新长出的花序高度一致，有利收获。开花后再对其进行短截，有利越冬。

棕竹

易种指数★★★★☆

科　　属: 棕榈科棕竹属
别　　名: 观音竹
原产地: 中国广东、云南
观赏期: 常年可观叶

繁殖方式

常以分株方式繁殖，多在4月份结合换盆进行。

◈花草简介

棕竹株高1~3米，属常绿观叶灌木。它虽不是竹，但却具竹的特性，四季常青，植株上节状丛生，适合栽种在庭院的角落。其变异品种——花叶棕竹，叶面上具条纹，观赏价值更高。

◈养护心经

土壤: 棕竹喜生长在富含腐殖质的沙壤土中，在干旱贫瘠的土地中生长欠佳。

光照: 棕竹喜半阴、通风的环境，惧烈日直晒。无论何时，只要保持60%的透光率。

水肥: 生长期土壤以湿润为好，宁湿勿干，空气干燥时，要经常喷水以保持周围环境湿度。施肥可每月1~2次，腐熟液肥或氮肥均可。

移位: 棕竹较耐寒，0℃以下低温对它生存影响不大，但忌风霜雪露，如果条件允许，最好将其盆栽移到室内越冬。

紫藤

易种指数★★★★☆

科　属：豆科紫藤属
别　名：藤萝
原产地：中国、日本
观赏期：花期 4~5 月

繁殖方式

可采用扦插、压条、播种等方法繁殖，3月中下旬进行。

❖花草简介

紫藤属多年生落叶攀援灌木。花朵呈紫色，可开半个月不凋谢。果实呈扁球形，黑色，常在8~9月间成熟。其缠绕能力强，对其他植物具有绞杀作用，在庭院栽种时应和其他植物保持距离。

❖养护心经

土壤： 紫藤主根很长，侧根少，能耐贫瘠，但以在土层深厚、肥沃的土壤中长势最好。

光照： 紫藤喜阳光，略耐阴，为了让其更好地生长，一般会为其搭设专门的棚架，以让紫藤沿架攀援并吸收充足的阳光。

水肥： 紫藤主根深，有较强的耐旱能力，浇水时"宁干勿湿"，否则易烂根。生长季节可每隔15天左右施液肥1次，春天幼芽萌动前要追肥2~3次。

修剪： 紫藤具很强的攀援性，要经常修剪、牵蔓、整形，才能控制藤蔓生长，帮助定型，花后、夏季生长旺盛期要进行适当短截、摘心和疏剪。

腊梅

易种指数★★★★☆

科　　属: 腊梅科腊梅属
别　　名: 黄梅花、雪里花
原产地: 中国
观赏期: 花期11月至翌
　　　　年3月

🌾 繁殖方式

可用压条、扦插、嫁接等方法繁殖，以早春3月嫁接为主。

◆花草简介

腊梅因花朵香气似梅花，颜色像黄蜡而得名，属落叶灌木。花朵金黄灿烂，于每年的冬天或早春时节开放。果实椭圆形，褐色，7~8月成熟。

◆养护心经

土壤: 腊梅喜疏松肥沃、土层深厚、排水良好的中性土壤或微酸性沙质土壤，在黏性较重的碱性土壤中生长不良。

光照: 腊梅喜阳光充足的环境，稍耐阴，耐旱耐寒，怕风怕涝，庭院种植时，可将其放在避风向阳的院墙边上，保证有足够的直射光照耀。

水肥: 浇水应掌握"见干见湿"的原则，避免盆内积水。生长期可每半个月施1次稀薄液肥，入冬前再施1次复合肥。

修剪: 腊梅萌发力强，需经常修剪以保持其形状，修剪时间多在3~6月，平均每长出3对嫩芽后，就要摘心1次，7月以后停止修剪。

南天竹

易种指数★★★★☆

科　属: 小檗科南天竹属
别　名: 天烛子
原产地: 中国
观赏期: 花期 5~7 月，果熟
　　　　期 10~11 月

繁殖方式

常用播种、分株的方式繁殖。

▶花草简介

南天竹是常绿灌木，花朵较小，呈白色。秋冬季节叶片变得绯红，果实也渐渐成熟。果实颜色绯红、呈球形，可挂果至第二年 2 月，堪称赏叶观果之佳品。

▶养护心经

土壤：要求土层深厚、湿润、肥沃、排水良好的沙质壤土。

光照：南天竹喜温暖、通风的环境，较耐寒，在强光直接照射下叶片会变红，然后焦枯。盛夏季节应将其放在遮光 50% 的半阴处。

水肥：南天竹生长期间应尽量保持盆土湿润，浇水可按"见干见湿"的原则进行，但忌积水。花期不可浇水过多，以免引起落花或影响授粉。南天竹对肥料需求度不高，可每月施 1 次稀薄的有机肥。冬季为休眠期，应控肥控水。

整形：南天竹根系发达，萌发力强，应经常除去根部萌发的无用枝条。早春季节进行中耕和全面修剪，在每年第一批花开后，立即剪去残枝败叶。秋季也需进行一次全面整形，有利翌年新枝的萌发。

暖心小贴士

南天竹全株有小毒，误食会引起全身抽搐、痉挛、昏迷等中毒症状。因此给南天竹修枝整形后，应避免用未清洗的手取食食物。

山茶花

易种指数★★★☆☆

科　属: 山茶科山茶属
别　名: 茶花、海石榴
原产地: 中国西南部
观赏期: 花期10月至翌
　　　　年4月

繁殖方式

常用扦插、嫁接、压条繁殖。

◆ 花草简介

山茶花属于四季常绿的阔叶小乔木。山茶花花姿丰盈、端庄高雅,花色和品种众多,红、白、黄、紫都有。花期因品种不同而各异,从10月到次年4月都可见花。

◆ 养护心经

土壤: 山茶花地栽时,以土层深厚、疏松、肥沃、排水性好的酸性土为主,切忌使用碱性土或黏重的土壤。

光照: 山茶花喜温暖、湿润的半阴环境,惧高温和烈日暴晒,适合在散射光下生长。

水肥: 山茶花忌干燥,在高温干旱季节应及时浇水,梅雨季节要防涝。地栽后半年可不施根肥,只给叶片喷施淡肥,以后适当追施根部薄肥。

移位: 山茶花生长适温为18~25℃,一般能耐-3℃左右的低温,可放置室外越冬,而夏天温度超过35℃就会导致叶片灼伤,应注意遮阴。

木槿

易种指数★★★☆☆

科　　属: 锦葵科木槿属
别　　名: 荆条
原产地: 亚洲东部
观赏期: 花期 6~9 月

繁殖方式

常用播种和扦插的方式繁殖，家庭栽培多在春季扦插繁殖。

◆花草简介

木槿为多年生落叶灌木，高2~5米，可栽在庭院的两边，以免遮住其他植物所需的光照。花似锦葵，有单瓣和重瓣两种，花色也较多，粉、红、白、紫都有。

◆养护心经

土壤：木槿对环境的适应力很强，不择土壤，较耐干旱和贫瘠的土地，在疏松、富含腐殖质的沙质壤土中生长最好。

水肥：浇水遵循"见干见湿"的原则，可经常浇水，但要避免积水。在木槿春季萌动后，即可开始施肥，半个月1次，以复合肥为主。

修剪：新栽的木槿，前两年可进行轻度修剪，只要剪去病弱枝即可。待木槿长大后，应对其植株进行彻底的整形修剪，培养优美树型。

三角梅

易种指数★★★☆☆

科　　属: 紫茉莉科叶子花属
别　　名: 九重葛、叶子花
原产地: 巴西
观赏期: 花期10月至翌年
　　　　6月

繁殖方式

多采用扦插、高压和嫁接法繁殖。扦插以3~6月进行为宜。

❀花草简介

三角梅属常绿攀援状灌木。枝具刺，花顶生。花期一般为10月份至第二年的6月初，但如果光、温、水、肥等条件满足，一年四季都可开花。

❀养护心经

土壤: 三角梅能耐瘠薄、干旱的土地，只要土壤不积水，都能正常生长，但以在疏松、透气性强、富含腐殖质的酸性沙壤土中生长最好。

光照: 三角梅喜光，属强光照花卉，一年四季都要给予充足的阳光，否则易造成植株徒长、开花数量减少。

水肥: 浇水应以"不干不浇，浇则浇透"的原则进行，开花前（9月份）适当控水半个月。三角梅开花多，花期长，对肥料要求很高，在生长旺盛期可每隔10天施肥1次。

移位: 三角梅安全越冬温度在5℃以上，南方地区可露地越冬，北方最好将三角梅移入盆栽，然后搬入室内越冬。

向日葵

易种指数★★★☆☆

科　属: 菊科向日葵属
别　名: 朝阳花
原产地: 北美洲
观赏期: 四季开花

繁殖方式

多采用种子繁殖法，最佳时间在阳春3月。

花草简介

向日葵属一年生草本植物。花朵酷似太阳，一年四季可开花，但以夏天和冬天开花最多，花朵可持续2周不落。

养护心经

土壤：向日葵能适应各种土壤，哪怕是在盐碱地中也能正常生长，但以在泥炭土中生活最好，如果能拌入有机培养土，则长势更加旺盛。

光照：向日葵对阳光要求很高，整个生长过程中应让其接受直射光照耀。对温度忍受范围较大，在15~30℃中均可正常生长。

水肥：向日葵叶多而密，对水分需求度很高，应经常灌溉浇水，夏天时甚至可每天浇水。现蕾之后应加大浇水量。向日葵的根系发达，可深入土壤表层40厘米处，对肥料需求度不高。

收获：当植株茎秆变黄，叶片枯萎下垂，花盘变黄褐色，果皮坚硬时即可采收。

榕树

易种指数★★★☆☆

科　属:桑科榕属
别　名:细叶榕
原产地:中国
观赏期:常年可观叶

繁殖方式

榕树的繁殖方法很多,播种、扦插、高压或嫁接等都可。

▶花草简介

榕树属常绿大乔木或灌木,最高时可达30米,以其繁茂的枝叶和巨大的株型而出名。榕树具有萌发力强、生长迅速、耐修剪、易造型、伤口愈合能力强、管理简便、四季可观赏等优点。通过人工绑扎、修剪,可培育成气根飘逸、盘根错节、各具造型的盆景。

▶养护心经

土壤:榕树要求土质疏松、透水性好,地栽时应注意雨后及时疏通积水。

水肥:浇水可采取"见干见湿"的原则,不要经常浇水。浇水过多,会引起根系腐烂。可经常向叶片喷水,增加周围空气的湿度。榕树生长喜肥,3~9月每月可进行一次根外追肥。

修剪:生长旺季要进行摘心和抹芽,秋季后再进行一次大的修剪,冬季榕树生长缓慢,不宜进行修剪。对气根也可根据造型需要加以修剪。

移位:榕树不耐寒,如果植株很小,可在入冬前将其移入室内;如果植株不方便移动,应用废旧衣服或袋子裹住榕树根部,并对相应枝干涂抹石灰粉,有助防寒。

美人蕉

易种指数★★★☆☆

科　属: 美人蕉科美人蕉属
别　名: 红艳蕉、兰蕉
原产地: 热带地区
观赏期: 花期6~10月

繁殖方式

美人蕉的繁殖时间，大多在4~5月份，可采用分株繁殖或播种繁殖。其中分株繁殖在芽眼开始萌动时进行，将根茎以每带2~3个芽为一段切割分栽。

▶花草简介

美人蕉为多年生球根植物，叶片有绿叶、棕色叶和黄绿镶嵌的斑叶等3类；花朵有乳白、淡黄、橘红、粉红、大红、紫红和洒金等颜色，常在夏秋两季盛开。家庭栽培多为大花美人蕉。无论是放在花坛边做点缀，还是放在庭院中修饰围墙，美人蕉都能塑造出极佳的景观效果。

▶养护心经

土壤: 美人蕉耐贫瘠和短期积水，但以在土质肥厚、排水性良好的土壤中生长最好。也可以采取盆栽的方式，盆栽植入深度宜保持在8~10厘米，一般栽植后3个月就会开花。盆土最好保持湿润，但不可过湿，否则很容易引起烂根。

光照: 美人蕉的适应能力非常强，一般喜欢温暖而湿润的气候，喜欢在阳光充足的环境中生长。在22~25℃温暖的地方，美人蕉没有休眠期，可以全年都生长开花。但美人蕉的缺点是不耐寒、忌干燥，在5~10℃时将停止生长，而一旦温度低于0℃，就会出现冻害情况。

水肥：在美人蕉生长期间，每半个月施肥1次。花葶长出之后，应该经常浇水，这时一旦缺水，开花后很容易出现"叶里夹花"的情况。开花前增施2次磷钾肥。之后经常浇水，保持土壤湿润即可。

移位：美人蕉在开花之后，应该将花茎及时修剪掉，否则，花茎的生长会消耗过多的养分，让花朵和其余部分的生长受到影响。冬季可将美人蕉的地下根茎部分挖出，放在阴凉的环境里保存，或者也可以适当覆盖后留土过冬。